essentials

Essentials liefern aktuelles Wissen in konzentrierter Form. Die Essenz dessen, worauf es als „State-of-the-Art" in der gegenwärtigen Fachdiskussion oder in der Praxis ankommt. Essentials informieren schnell, unkompliziert und verständlich

- als Einführung in ein aktuelles Thema aus Ihrem Fachgebiet
- als Einstieg in ein für Sie noch unbekanntes Themenfeld
- als Einblick, um zum Thema mitreden zu können.

Die Bücher in elektronischer und gedruckter Form bringen das Expertenwissen von Springer-Fachautoren kompakt zur Darstellung. Sie sind besonders für die Nutzung als eBook auf Tablet-PCs, eBook-Readern und Smartphones geeignet.

Essentials: Wissensbausteine aus Wirtschaft und Gesellschaft, Medizin, Psychologie und Gesundheitsberufen, Technik und Naturwissenschaften. Von renommierten Autoren der Verlagsmarken Springer Gabler, Springer VS, Springer Medizin, Springer Spektrum, Springer Vieweg und Springer Psychologie.

Weitere Bände in dieser Reihe
http://www.springer.com/series/13088

Christian Aichele • Marius Schönberger

IT-Projektmanagement

Effiziente Einführung in das
Management von Projekten

Christian Aichele
Ketsch
Deutschland

Marius Schönberger
Homburg
Deutschland

ISSN 2197-6708   ISSN 2197-6716 (electronic)
essentials
ISBN 978-3-658-08388-5   ISBN 978-3-658-08389-2 (eBook)
DOI 10.1007/978-3-658-08389-2

Die Deutsche Nationalbibliothek verzeichnet diese Publikation in der Deutschen Nationalbiblio-
grafie; detaillierte bibliografische Daten sind im Internet über http://dnb.d-nb.de abrufbar.

Gedruckt auf säurefreiem und chlorfrei gebleichtem Papier

Springer Fachmedien Wiesbaden ist Teil der Fachverlagsgruppe Springer Science+Business Media
(www.springer.com)

Vorwort

Die nachfolgenden Ausführungen basieren auf den Publikationen „Intelligentes Projektmanagement" von Christian Aichele aus dem Jahr 2006 und „Best Practices in Projekten" desselben Autors aus dem Jahr 2008.

Dieses Werk ist als Aggregation aus aktuellen wissenschaftlichen Methoden und der Praxiserfahrungen aus IT-Einführungs- und Entwicklungsprojekten aus unterschiedlichsten Bereichen und Branchen zu verstehen. Dabei werden aktuelle Methoden, Tools und Vorgehensweise kumuliert vorgestellt und erklärt.

Aber warum sind erfolgreiche IT-Projekte erfolgreich und was sind die Gründe für das Scheitern von Projekten? Sind es alleine die verwendeten Methoden, Tools und die validierten Vorgehensweisen oder liegt es an der Qualität der Projektakteure und ihrer sozio-empathischen Fähigkeiten? Die Kombination aus dem Projektumfeld, den verwendeten Vorgehensweisen, Methoden und Tools und der adäquaten, qualitativen und quantitativen Zusammensetzung des Projektteams generieren erst den Projekterfolg.

Wegen der inhaltlichen Breite des Gegenstands „IT-Projektmanagement" und den damit zusammenhängenden Themen- und Forschungsgebieten werden den Lesern grundlegende und zum Teil weiterführende Aspekte des Projektmanagements vorgestellt. Damit sind diese in der Lage, die nachfolgenden Ausführungen unterstützend für die Planung von IT-Projekten zu verwenden. Das Buch richtet sich nicht nur an Lehrende und Studierende aus der Wirtschaftswissenschaft, der Wirtschaftsinformatik und der Informatik an Universitäten, Fachhochschulen, Berufsakademien und anderen Bildungseinrichtungen, sondern auch an Manager und Praktiker aus allen Branchen, Unternehmens- und IT-Berater sowie allen Interessierte, die sich mit den Methoden und Techniken des Projektmanagements beschäftigen.

Ketsch und Homburg,
Oktober 2014

Christian Aichele
Marius Schönberger

Was Sie in diesem Essential finden können

- Einführung in die Grundlagen des Projektmanagements.
- Beschreibung und Erläuterung von Herausforderungen beim (IT-)Projektmanagement.
- Darstellung traditioneller und aktueller Vorgehensmodelle zur Projektdurchführung.
- Projektmanagementmethoden zur Unterstützung der Projektplanung und zur Lösung projektspezifischer Entscheidungsprobleme.

Inhaltsverzeichnis

Abkürzungsverzeichnis

AA	Anfang-Anfang-Beziehung
AE	Anfang-Ende-Beziehung
AOB	Anordnungsbeziehung
BMI-KBSt	Bundesministerium des Innern, Koordinierungs- und Beratungsstelle der Bundesregierung für Informationstechnik in der Bundesverwaltung
BMVg	Bundesministerium der Verteidigung
BPMI	Business Process Management Initiative
BPMN	Business Process Model and Notation
CPM	Critical Path Method
CRM	Customer Relationship Management
EA	Ende-Anfang-Beziehung
EE	Ende-Ende-Beziehung
eEPK	erweiterte Ereignisgesteuerte Prozesskette
EPK	Ereignisgesteuerte Prozesskette
FAT	Frühster Anfangstermin
FET	Frühester Endtermin
FP	Freie Pufferzeit
GP	Gesamte Pufferzeit
IKT	Informations- und Kommunikationstechnik
ISO	Internationalen Organisation für Normung
IT-AmtBw	Bundesamt für Informationsmanagement und Informationstechnik der Bundeswehr
KMU	Kleine und mittelständische Unternehmen
MPM	Metra Potential Method
OMG	Object Management Group
PERT	Project Evaluation and Review Technique
PMBOK	Project Management Body of Knowledge

PMI	Project Management Institute
QS	Qualitätssicherung
RUP	Rational-Unified-Process
SAT	Spätester Anfangstermin
SET	Spätester Endtermin
UML	Unified Modeling Language
XP	Extreme Programming
ZE	Zeiteinheit

Einleitung 1

Die Zahl und der Umfang von Projekten in Unternehmen nehmen signifikant zu. Gründe hierfür sind mehrere relevante Ursachen, so etwa die zunehmende Komplexität der Informations- und Kommunikationstechnik (IKT), die Internationalisierung und Globalisierung sowie ein daraus resultierender, dynamischer Wandel in vielen Unternehmensbereichen (vgl. Aichele 2006, S. 30). Darüber hinaus müssen sich Unternehmen gegenwärtig und zukünftig einem verschärfenden Wettbewerb, immer kürzer werdenden Produktlebenszyklen sowie einem fortschreitenden Kostendruck stellen. Diese Herausforderungen gelten für Großunternehmen, als auch für kleine und mittelständische Unternehmen (KMU) und Handwerksbetriebe.

Eine adäquate Projektorganisation und ein effizientes Projektmanagement sind damit für Unternehmen von immer größerer Bedeutung. Dabei reicht es nicht aus die Methoden, Techniken und Werkzeuge für das Projektmanagement anwenden zu können. Von wesentlicher Bedeutung ist vielmehr ein intelligentes Projektmanagement, d. h. die Projektziele kommunizieren zu können, die Unternehmens- und Projektmitarbeiter zu überzeugen und führen zu können, rechtzeitig und prospektiv Entwicklungstendenzen des Projekts zu erkennen, diese Tendenzen hinsichtlich der Projektziele permanent anzupassen, empathisch mit dem Projektsponsor und den Projektmitarbeiter umgehen zu können und natürlich die Projektziele unter den gegebenen Rahmenbedingungen zu erreichen (vgl. Aichele 2006, S. 30 f.).

Das vorliegende Buch stellt das Themengebiet „IT-Projektmanagement" in kompakter Weise umfassend dar und ist wie folgt aufgebaut: Im zweiten Kapitel werden zunächst notwendige theoretische Grundlagen des Projektmanagements geliefert und anfallende Aufgabenbereiche bei der Projektdurchführung beschrieben. Aufbauend auf den theoretischen Grundlagen werden im dritten Kapitel zu-

© Springer Fachmedien Wiesbaden 2014   1
C. Aichele, M. Schönberger, *IT-Projektmanagement,* essentials,
DOI 10.1007/978-3-658-08389-2_1

nächst allgemeine Herausforderungen beim IT-Projektmanagement genannt und
daran anknüpfend auftretende Herausforderungen in den Phasen der Projektplanung und -initialisierung erläutert. Zu Beginn des vierten Kapitel wird zunächst
der Begriff „Vorgehensmodell" definiert und charakterisiert bevor im weiteren
Verlauf des Kapitels klassische, moderne und agile Vorgehensmodelle im Projektmanagement vorgestellt und beschrieben werden. Das Buch endet mit der Darstellung und Erklärung ausgewählter Methoden, Techniken und Werkzeuge des
Projektmanagements.

Grundlagen des Projektmanagements 2

Im Folgenden werden die theoretischen Grundlagen zum Gegenstand des Projektmanagements vorgestellt. In diesem Zusammenhang werden in Abschn. 2.1 zunächst notwendige Begrifflichkeiten definiert. Zur erfolgreichen Projektdurchführung werden daran anknüpfend in Abschn. 2.2 anfallende Aufgaben und -bereiche des Projektmanagements beschrieben.

2.1 Terminologische Grundlagen

2.1.1 Projekt

Die nachfolgende Betrachtung von international bedeutsamen Standards zum Projektmanagement bietet sich an, um eine Übersicht zum aktuellen Stand der Begriffsverwendung in Literatur und Praxis zu bekommen. Neben der 21500:2012-Norm nach der Internationalen Organisation für Normung (ISO) sind insbesondere die deutsche DIN-Norm 69901, der britische PRINCE 2-Standard und das US-amerikanische Project Management Body of Knowledge (PMBOK) zu nennen:

▶ **ISO 21500:2012** Die ISO 21500:2012 bezeichnet ein **Projekt** als eine „einzigartige Menge von zielgerichteten Prozessen, die aus koordinierten und kontrollierten Aktivitäten mit definierten Anfangs- und Endzeiten bestehen. Die Zielerreichung erfordert spezifischen Anforderungen genügende Ergebnisse und kann mehreren in der Norm […] beschriebenen Einschränkungen, z. B. Fristen, Kosten, Ressourcen usw., unterliegen" (ISO 21500:2012 2012).

© Springer Fachmedien Wiesbaden 2014
C. Aichele, M. Schönberger, *IT-Projektmanagement*, essentials,
DOI 10.1007/978-3-658-08389-2_2

▶ **DIN 69901** Nach der DIN 69901 sind **Projekte** Vorhaben, „die im Wesentlichen durch Einmaligkeit der Bedingungen in ihrer Gesamtheit gekennzeichnet sind, wie z. B. Zielvorgabe, zeitliche, personelle oder andere Begrenzungen, Abgrenzung gegenüber anderen Vorhaben und eine projektspezifische Organisation" (DIN 2009, S. 155).

▶ **PRINCE2:2009** Der Standard PRINCE2:2009 definiert ein **Projekt** als „a temporary organization that is created for the purpose of delivering one or more business products according to a specified Business Case" (Hedeman und Seegers 2009, S. 2).

▶ **Project Management Institute (PMI)** Ein **Projekt** ist nach dem PMI „eine zeitlich beschränkte Anstrengung zur Erzeugung eines einmaligen Produktes, Dienstes oder Ergebnisses" (PMI 2013).

Die in Unternehmen anfallenden betrieblichen Aufgaben und Tätigkeiten werden im Alltagsgeschäft üblicherweise routinemäßig, d. h. auf Basis bekannter Ziele, Abläufe, Standardisierungen und Mitarbeiter, in Form einer Linienorganisation durchgeführt. Eine Unterscheidung zwischen Routineaufgaben und Projekten zeigt, dass hinsichtlich der Planung und Durchführung von Projekten oftmals zusätzliche Anstrengungen notwendig sind, die bei routinebezogenen Aufgaben bereits feststehen. Projekte verstehen sich in Unternehmen somit als Veränderungsaufgaben, die sich als innovative und kreative Tätigkeiten charakterisieren lassen und hinsichtlich der Zielerreichung ein gewisses Risiko aufzeigen. In diesem Zusammenhang können folgende Eigenschaften von Projekten charakterisiert werden (vgl. Aichele 2006, S. 30):

• Bedeutung und Einmaligkeit des Projekts,
• Klare Zielvereinbarung und Risikoeinschätzung,
• Projektspezifische Organisation,
• Komplexität und Umfang des Projekts,
• Endlichkeit und zeitliche Befristung,
• Begrenzte Ressourcen,
• Interdisziplinarität und bereichsübergreifende Zusammenarbeit,
• Abgrenzung des Projektes gegenüber anderen Vorhaben (Alltagsgeschäft).

Zusammenfassend kann ein Projekt als ein Vorhaben bezeichnet werden, dessen Ablauf einmalig ist, dessen Struktur eine gewisse Komplexität aufweist und dessen festgelegte Zielsetzung in vorgegebener Zeit und mit gegebenen Mitteln zu erreichen ist (vgl. Aichele 2006, S. 30).

Die Anpassung oder Neuentwicklung von Software zur Realisierung eines An-
wendungssystems bildet die Kernaufgabe von IT-Projekten (vgl. Ruf und Fittkau
2008, S. 8). IT-Projekte lassen sich in folgende Kategorien aufteilen (vgl. Wieczorrek und Mertens 2008, S. 10):

- Entwicklungsprojekte, bspw. Strategie- oder Innovationsprojekte sowie Eigen-
  entwicklungen,
- Wartungsprojekte,
- Organisationsprojekte, bspw. Evaluations- oder Ausführungsprojekte sowie
  Systemeinführungen,
- Unterstützungsprojekte,
- Versuchsprojekte.

IT-Projekte weisen immer wiederkehrende gleichförmige Phasen auf, die eine
standardisierte Abwicklung dieser Projekte ermöglichen. Daher bietet sich zur erfolgreichen Umsetzung von IT-Projekten der Einsatz von standardisierten Verfahren, bspw. Vorgehensmodellen, an (vgl. Wieczorrek und Mertens 2008, S. 9 f.).

2.1.2 Projektmanagement

Für eine adäquate Definition des Begriffs „Projektmanagement" wird nachfolgend
zunächst näher auf den Begriff „Management" eingegangen:

▶ **Management** Mit dem Begriff Management wird ein Prozess verstanden, der
über die Teilprozesse Planung, Organisation, Durchführung, Verfolgung und Steuerung mit dem Einsatz von Menschen (institutionalisierte Führung) zur Formulie-
rung und Erreichung von Zielen führt (vgl. Aichele 2006, S. 30).

Eine ähnliche Definition wird von Broy und Kuhrmann gegeben:

▶ **Management** Management [...] kann sowohl Leitungsaufgaben in Projekten
und Unternehmen bezeichnen, als auch die Gruppe der Personen, die diese Aufgaben ausüben und entsprechende Managementkompetenzen benötige. Typische
Aufgaben des Managements sind: Planung, Delegation, Organisation, Führung
und Kontrolle (vgl. Broy und Kuhrmann 2013, S. 9).

Unter Berücksichtigung der in Abschn. 2.1.1 aufgeführten Bestimmung des Pro-
jektbegriffs kann das Projektmanagement wie folgt definiert werden:

▶ ISO 21500:2012 „Projektmanagement bezeichnet die Anwendung von Methoden, Werkzeugen, Techniken und Fähigkeiten in einem Projekt. Es umfasst die Vernetzung der verschiedenen Projektphasen des gesamten, separat in der Norm beschriebenen Lebenszyklus eines Projektes und wird durch die Prozesse umgesetzt" (ISO 21500:2012 2012).

▶ DIN 69901 Projektmanagement ist die „Gesamtheit von Führungsaufgaben, -organisation, -techniken und -mitteln für die Abwicklung eines Projektes" (DIN 2009, S. 158).

▶ PMI „Projektmanagement ist die Anwendung von Wissen, Fertigkeiten, Werkzeugen und Techniken auf Projektaktivitäten, um Projektanforderungen zu erfüllen. Projektmanagement umfasst hierbei die Identifizierung von Anforderungen, Festlegung klarer Ziele, Abwägung der konkurrierenden Anforderungen für Zeit, Qualität und Kosten, Anpassung der Spezifikationen, Pläne und Konzepte an die unterschiedlichen Anliegen und Erwartungen der verschiedenen Interessengruppen" (PMI 2013).

Das Projektmanagement stellt ein Leistungs- und Organisationskonzept dar, mit dem die vielen sich teilweise gegenseitig beeinflussenden Projektelemente und das Projektgeschehen nicht dem Zufall oder der Genialität einzelner Personen überlassen werden, sondern gezielt zu einem fest terminierten Zeitpunkt herbeigeführt werden (vgl. Aichele 2006, S. 31).
Das Management von IT-Projekten (vgl. Abschn. 2.1.1) wird auch als IT-Projektmanagement bezeichnet und unterscheidet sich vom allgemeinbezogenen Projektmanagement hauptsächlich durch die im Fokus stehende Entwicklung von IKT.

▶ IT-Projektmanagement „IT-Projektmanagement bezeichnet die Anwendung von Methoden, Werkzeugen, Techniken und Fähigkeiten in einem Projekt, dessen Ziele in der Erstellung und/oder Anwendung von Informatiklösungen liegen" (Lent 2013, S. 4).

Die Entwicklung von Softwaresystemen impliziert insbesondere auch die Auswahl und den Einsatz geeigneter Hardware, bspw. zur Konzeption und Realisierung mobiler Anwendungen, womit nicht nur ein Software – sondern ebenfalls ein umfassendes IT-Projektmanagement erforderlich ist (vgl. Pietsch 2013).

2.1.3 Projektplanung, -steuerung und -überwachung

Projekte müssen geplant werden, um den Projektablauf in zeitlicher und ressourcenbezogener Hinsicht abzubilden. Im Vordergrund stehen insbesondere die Bereitstellung und Einplanung von personellen und sachlichen Ressourcen, wie z. B. der technischen Ausstattung (vgl. Schönberger und Aichele 2014, S. 169 f.). Die Vorbereitung der Projektdurchführung bildet eine allgemeine Aufgabe der Projektplanung und beinhaltet die Erhebung aller mittelbaren und unmittelbaren Projektaktivitäten, die zur Erreichung des Projektziels erforderlich sind. Hierbei ist eine zielgerechte und reibungslose Projektabwicklung sowie die Koordination aller am Projekt beteiligten Mitarbeiter sicherzustellen (vgl. Schwarze 2014, S. 14).

► **Projektplanung** „Projektplanung meint die systematische Informationsgewinnung über den zukünftigen Ablauf eines einmaligen Vorhabens samt gedanklicher Vorwegnahme des für das Erreichen seiner Ziele notwendigen Handelns" (Platz und Schmelzer 1986, S. 131).

Innerhalb der Projektplanung erfolgt das Aufstellen eines Projektplans, durch den mehrere Ziele verfolgt werden: Zum einen sollen realistische Sollvorgaben hinsichtlich der zu erbringenden Arbeitsleistung sowie deren Termine ermittelt und zum anderen der Ressourceneinsatz und zulässige Kosten kalkuliert werden. Zudem kann eine Untergliederung des Gesamtprojekts in Teilprojekte und Arbeitspakete ermöglicht werden, woraus eine bessere Planung einzelner Aktivitäten resultiert (vgl. Litke 2007, S. 83). Die Ergebnisse der Projektplanung können dazu führen, dass das Projektdesign aktualisiert oder revidiert wird (vgl. Aichele 2006, S. 34).

Die Hauptaufgabe der Projektsteuerung und -überwachung besteht in der Sicherstellung einer wirtschaftlichen sowie anforderungs- und termingerechten Realisierung des Projektes (vgl. Schwarze 2014, S. 15). Die Projektüberwachung überprüft mittels Soll-Ist-Vergleichen die von der Projektplanung vorgegebenen Sollvorgaben, wodurch ggf. Abweichungen identifiziert werden können. In Verbindung mit der Projektüberwachung erarbeitet und leitet die Projektsteuerung Maßnahmen ein, um Abweichungen in der Projektdurchführung zu korrigieren (vgl. Litke 2007, S. 83).

► **Projektsteuerung und -überwachung** „Die Projektsteuerung und die damit einhergehende Projektüberwachung durch das Projektmanagement dient der Sicherstellung der planmäßigen und wirtschaftlichen Realisierung eines Projekts" (Schwarze 2014, S. 193).

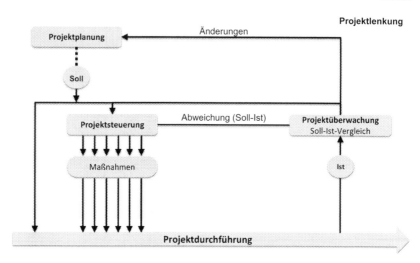

Abb. 2.1 Zusammenspiel von Projektplanung, -steuerung und -überwachung

In Abb. 2.1 ist das Zusammenspiel von Projektplanung, -steuerung und -überwachung nochmals grafisch dargestellt.

Die Planung des Gesamtprojektes beruht auf den in der Projektinitialisierung festgelegten Ziele (vgl. Abschn. 3.2), Anforderungen (vgl. Abschn. 3.3) und Entscheidungen (vgl. Abschn. 3.4). Die Projektplanung versucht diese unter Berücksichtigung eines spezifischen Vorgehens (Vorgehensmodell) sowie unter der im Projektauftrag festgelegten Rahmenbedingungen (Termine, Budget, sonstige Ressourcen), zu einer einheitlichen Projektstruktur zusammenzufassen. Ergebnis dieser strukturellen Projektplanung ist der Projektstrukturplan (vgl. Aichele 2006, S. 75).

▶ **DIN 69901** Nach der DIN 69901 ist ein **Projektstrukturplan**, auch als Work Breakdown Structure bezeichnet, eine „vollständige hierarchische Darstellung aller Elemente (Teilprojekte, Arbeitspakete) der Projektstruktur als Diagramm oder Liste" (DIN 2009, S. 160).

Auf Basis des Projektstrukturplans werden alle Teilprojekte, Aufgabenpakete und Aktivitäten definiert, die Bestandteil des spezifischen Projekts sind. Das Projekt wird im Projektstrukturplan in der Regel auf der ersten Ebene in Teilprojekte untergliedert, die Teilprojekte werden in Arbeitspakete zerlegt und die Arbeitspakete ggf. in ihre Einzelaktivitäten strukturiert (vgl. Abb. 2.2). Eine weitere Zerlegung des Projekts ist in der Regel nicht notwendig (Aichele 2006, S. 76).

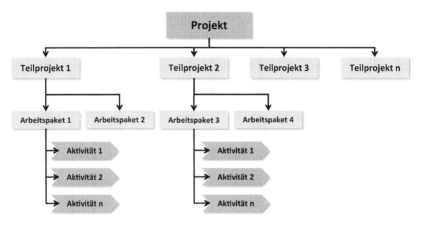

Abb. 2.2 Projektstrukturplan

Durch den Projektstrukturplan sollen alle Abhängigkeiten im Gesamtprojekt erfasst und dadurch die Aufwands- und Terminplanung ermöglicht werden.

2.1.4 Projektorganisation

Die Projektorganisation behandelt strukturelle Fragen des (IT-)Projektmanagements, insbesondere wie zeitlich befristete Projekte in die bestehende Organisationsstruktur eingegliedert werden können und zudem, wie diese Projekte intern zu strukturieren sind (vgl. Strahringer 2013). Der Begriff Projektorganisation kann wie folgt definiert werden:

▶ **DIN 69901** Unter dem Begriff **Projektorganisation** wird die „Aufbau- und Ablauforganisation zur Abwicklung eines bestimmten Projekts" verstanden (DIN 2009, S. 159).

▶ **Projektorganisation** „Die Projektorganisation dient der Gesamtheit der Anordnungen und Regeln, durch welche zum einen die Verteilung der zur Durchführung eines Projektes erforderlichen Aufgaben, Befugnisse und Verantwortung auf Aufgabenträger sowie zum anderen deren gegenseitige Abstimmung und Koordination festgelegt wird" (Aichele 2006, S. 142).

Die genannten Definitionen heben insbesondere die Abwicklung des Projekts entsprechend des Entwicklungsprozesses (Ablauforganisation) und die Einbindung des Projekts in die Unternehmensstruktur (Aufbauorganisation) hervor. Hierzu werden in der Praxis üblicherweise Projektstrukturpläne und Projektablaufpläne herangezogen (vgl. Abschn. 2.1.3). Entsprechend dem Grad der Bereichsüberschreitung der einzubindenden Mitarbeiter und der Größe des jeweiligen Projekts können für die Einbettung eines Projektes in die dauerhafte Organisationsstruktur eines Unternehmens verschiedene Organisationsformen differenziert werden:

Linien-Projektorganisation
Bei der Linien-Projektorganisation, auch als reine Projektorganisation bezeichnet, arbeiten die jeweiligen Mitarbeiter unter fachlicher und disziplinarischer Führung der Projektleitung ausschließlich für das Projekt und werden hierfür bis zur Fertigstellung aus ihren bisherigen Funktionsbereichen herausgelöst (vgl. Wieczorrek und Mertens 2008, S. 30).

▶ **Linien-Projektorganisation** Bei einer Linien-Projektorganisation „wird der Verantwortungsbereich Projektmanagement gleichrangig neben anderen Verantwortungsbereichen der Organisation in die Hierarchie eingegliedert" (Schwarze 2013, S. 246).

Die Linien-Projektorganisation hat zwar keine Weisungsbefugnis gegenüber anderen Fachbereichen, hat aber als quasi Besonderheit außerhalb des Tagesgeschäftes eines Fachbereiches Auswirkungen auf andere Fachbereiche. Die Linien-Projektorganisation ist vor allem für größere Projekte mit höherer Komplexität geeignet und wird in Abb. 2.3 dargestellt (vgl. Aichele 2006, S. 143).

Stab-Projektorganisation
In der Stab-Projektorganisation, auch Einfluss-Projektorganisation oder Stab-Linienorganisation genannt, wird ebenfalls wie bei der Linienorganisation die Verantwortung durch die technische Zerlegung in Komponenten organisiert. Zusätzlich wird eine Stabsstelle geschaffen, die allgemeine Koordinations- und Überwachungsfunktionen wahrnimmt (vgl. Broy und Kuhrmann 2013, S. 37).

Abb. 2.3 Linien-Projektorganisation

▶ **Stab-Projektorganisation** Bei einer Stab-Projektorganisation „werden Zuständigkeiten und Verantwortlichkeiten für zentrale Projektmanagementaufgaben in einer Stabstelle angesiedelt, die einer oberen Führungsebene zugeordnet ist" (Schwarze 2013, S. 248).

In einer Stab-Projektorganisation übernimmt das Projektmanagement lediglich Koordinations-, Informations- und Kommunikationsaufgaben, ohne dabei direkt in den Prozess der Projektrealisierung einzugreifen. Da die Organisation und Ausführung des Projektes der Stabsstelle obliegt, besitzt das Projektmanagement keinerlei Weisungsbefugnisse (vgl. Schwarze 2013, S. 248 f.). Die Stab-Projektorganisation eignet sich für kleinere Projekte mit geringem Wiederholungsgrad und wird in Abb. 2.4 dargestellt (vgl. Aichele 2006, S. 143).

Matrix-Projektorganisation
Bei der Matrix-Projektorganisation, auch Mehrlinien-Projektorganisation genannt, handelt es sich um eine Mischform aus Linien- und Stab-Projektorganisation, in derer die Projektmitarbeiter fachlich der Projektleitung und disziplinarisch den Linienvorgesetzten unterstellt sind (vgl. Aichele 2006, S. 143).

▶ **Matrix-Projektorganisation** Bei einer Matrix-Projektorganisation „wird die Linienorganisation eines Unternehmens von einer Organisationsebene der Projekte überlagert. Die fachbezogenen Kompetenzen der Ausführung von Vorgängen liegen bei den einzelnen Fachabteilungen des Unternehmens. Die projektbezogenen Kompetenzen und Verantwortungen liegen bei den einzelnen Projektleitungen" (Schwarze 2013, S. 247).

Innerhalb der Matrix-Projektorganisation arbeiten die Mitarbeiter zeitanteilig Projekt- und Abteilungstätigkeiten ab, sodass sie hierfür nicht aus der Linie ausgegliedert werden müssen. Die Verantwortlichkeiten innerhalb des Projektes sind klar festgelegt: Für die Einhaltung von Terminen und Kosten ist der Projektleiter, für die Umsetzung der fachlichen Inhalte sind die Projektmitarbeiter zustän-

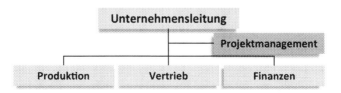

Abb. 2.4 Stab-Projektorganisation

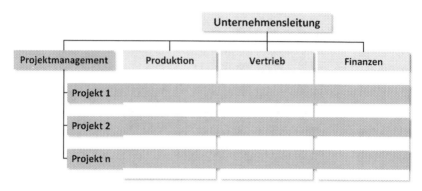

Abb. 2.5 Matrix-Projektorganisation

dig (vgl. Wieczorrek und Mertens 2008, S. 32). Der Einsatz der Matrix-Projektorganisation ist besonders bei größeren Projekten mit höherer Komplexität und
starker Auswirkung auf mehrere Fachbereiche zu empfehlen (vgl. Aichele 2006,
S. 143). Abbildung 2.5 zeigt eine schematische Darstellung der Matrix-Projektorganisation.

2.1.5 Projektteam und -mitglieder

Die Gewinnung geeigneter Projektmitglieder ist für Projekte erfolgsentscheidend,
da ausschließlich hierdurch die Erreichung der Projektziele möglich ist. Je nach
vorliegender Projektorganisation (vgl. Abschn. 2.1.4) ist neben der Auswahl der
Projektmitglieder auch der verfügbare zeitliche Freiraum für diese sicherzustellen,
um eine durchgängige Mitwirkung im Projekt zu gewährleisten. In diesem Zusammenhang ist eine gute Projektteamarbeit sowie die Bewältigung auftretender
Teamkonflikte von hoher Bedeutung (vgl. Aichele 2006, S. 140).

▶ **DIN 69901** Zu einem **Projektteam** zählen „alle Personen, die einem Projekt
zugeordnet sind und zur Erreichung des Projektzieles Verantwortung für eine oder
mehrere Aufgaben übernehmen" (DIN 2009, S. 160).

Geeignete Mitarbeiter zeichnen sich im Wesentlichen durch Eigenschaften wie
bspw. Motivation, Sozialkompetenz oder Kreativität aus (vgl. Aichele 2006,
S. 140). Die Anzahl der am Projekt beteiligten Mitarbeiter ist abhängig vom Pro-
jektumfang und den geforderten Spezialisierungsrichtungen (vgl. Ruf und Fittkau
2008, S. 91).

▶ **DIN 69901** Der Begriff **Projektteambildung** beschreibt die „Zusammenstellung und Strukturierung des Projektteams (oder ggf. unmittelbar miteinander in Kontakt tretender Teil-Teams), um in arbeitsteiliger Verantwortung das Projektziel zu erreichen" (DIN 2009, S. 160).

Die Entwicklung eines Projektteams vom ersten Treffen bis zur Auflösung nach Beendigung des Projektes wird durch das Team Development Modell beschrieben, welches folgende Phasen aufweist (vgl. Aichele 2006, S. 157):

1. Forming (Formierung): Die Gruppenmitglieder werden miteinander bekannt gemacht und das Projektvorhaben wird vorgestellt.
2. Storming („Rollensturm"): Die Gruppe nimmt, ggf. in einer gegenseitigen Auseinandersetzung, Positionen und Plätze in der Gruppe ein.
3. Norming (Normierung): Der Rollenfindungsprozess wird abgeschlossen und Gruppennormen, Regeln und Strukturen werden festgelegt.
4. Performing (Performanz): Die Gruppe beginnt aktiv an der Bearbeitung der vorliegenden Problemstellung.

Die Auswahl qualifizierter Mitarbeiter übernimmt die Projektleitung, bzw. der Projektleiter. Dieser wird vom Projektmanagement ernannt und bevollmächtigt (vgl. Broy und Kuhrmann 2013, S. 46). Bei der Auswahl des Projektleiters sind insbesondere folgende Aspekte zu berücksichtigen (vgl. Aichele 2006, S. 144 und Schwarze 2013, S. 35 ff.):

• Erfahrungen im Projektmanagement sowie die damit verbundenen Methoden und Konzepte.
• Grundlegende Sachkenntnisse über den Projektgegenstand.
• Fachliche Kenntnisse in den Bereichen Betriebswirtschaftslehre, Rechnungswesen, Planungsmethoden, Organisation.
• Unternehmensbezogene Kenntnisse über Firmenziele, Organisation, Betriebs- und Personalrat.
• Fähigkeiten zum Führen und Motivieren von Mitarbeitern und zum Konflikt- und Krisenmanagement.
• Entscheidungsfähigkeit, Durchsetzungsvermögen und Verhandlungsgeschick.

Der Projektleiter überträgt die zur Durchführung des Projektes notwendigen Aufgaben- und Tätigkeitsbereiche erforderlichen Kompetenzen an die Projektmitarbeiter (vgl. Wieczorrek und Mertens 2008, S. 43). Die Projektmitarbeiter verfügen in der Regel über spezielle fachliche Kompetenz und sind dem Projektleiter während der Durchführung des Projektes hierarchisch unterstellt.

2.2 Aufgaben des Projektmanagements

Da die Aufgabengebiete des Projektmanagements sehr umfangreich und komplex sind, ist die Entwicklung eines allumfassenden und generellen Methodikrahmens fast unmöglich (vgl. Wieczorrek und Mertens 2008, S. 286). Dennoch bilden die vom PMI aufgestellten Projektmanagementdisziplinen, auch als Wissensfelder des Projektmanagements bezeichnet, einen international anerkannten Standard (vgl. PMI 2013). Nachfolgend werden die zehn Wissensgebiete des PMI Standards PMBOK vorgestellt (vgl. Hagen 2009, S. 85 ff. und PMI 2013):

Integrationsmanagement (Project Integration Management)
Das Integrationsmanagement beschreibt alle Prozesse, die zur Koordination und Integration der unterschiedlichen Projektaktivitäten erforderlich sind. Im Wesentlichen umfasst es die Projektplanentwicklung und -durchführung sowie das Änderungswesen. Darüber hinaus ist das Integrationsmanagement für die Abstimmung der Prozesse der anderen Wissensgebiete zuständig.

Inhalts- und Umfangsmanagement (Project Scope Management)
Aufgabe des Inhalts- und Umfangsmanagement besteht in der laufenden Planung, Überwachung und Steuerung des Projektleistungsfortschritts. Hierzu gehören alle Prozesse, die notwendige Projekttätigkeiten definieren und steuern, um dadurch die gewünschten Projektergebnisse zu erzielen. Die Projektinitiierung, die Inhalts- und Umfangsplanung sowie die Leistungsdefinition, -verifizierung und -überwachung bilden die Bestandteile des Inhalts- und Umfangsmanagements.

Zeit- und Terminmanagement (Project Time Management)
Das Zeit- und Terminmanagement soll sicherstellen, dass unter der Berücksichtigung bekannter zeitlicher Einschränkungen, die im Projektplan aufgestellten Lieferfristen, Meilensteine oder Endtermine termingerecht eingehalten werden. Die Vorgangsdefinition, die Festlegung der Vorgangsfolgen, die Vorgangsdauerschätzung sowie die Terminplanentwicklung und -überwachung beschreiben dem Zeit- und Terminmanagement zugehörige Tätigkeiten.

Kostenmanagement (Project Cost Management)
Durch das Kostenmanagement werden alle notwendigen Prozesse definiert, die eine Fertigstellung des Projektes innerhalb des geplanten und genehmigten Kostenrahmens sicherstellen sollen. Hierzu gehören u. a. die Einsatzmittelplanung, Kostenschätzung und -überwachung.

Qualitätsmanagement (Project Quality Management)
Das Qualitätsmanagement dient zur Erreichung der Qualitätsziele im Projekt. Hierbei sollen die vom Auftraggeber definierten Qualitätsansprüche eingehalten oder übertroffen werden. Zum Qualitätsmanagement gehören bspw. die Qualitätsplanung, -sicherung und -lenkung.

Personalmanagement (Project Human Resource Management)
Das Personalmanagement befasst sich insbesondere mit der Auswahl und dem Einsatz geeigneter Projektmitarbeiter. Zu den Aufgaben und Funktionen des Personalmanagement zählen die Projektorganisation, Personalakquisition und Teamentwicklung.

Kommunikationsmanagement (Project Communications Management)
Alle Prozesse, die auf die rechtzeitige und sachgerechte Erstellung, Sammlung, Ablage oder Verteilung von Projektinformationen zielen, werden durch das Kommunikationsmanagement definiert. In diesem Zusammenhang gehören der Aufbau eines Informations- und Berichtswesens, die Informationsverteilung oder die Fortschrittsermittlung zu den Aufgaben des Kommunikationsmanagements.

Risikomanagement (Project Risk Management)
Das Risikomanagement umfasst alle Prozesse, die sich mit der Durchführung der Risikomanagementplanung sowie der Überwachung und Identifizierung von Projektrisiken befassen. Weiterhin erfolgt bei der Identifikation von Projektrisiken die Einleitung entsprechender Gegenmaßnahmen.

Beschaffungsmanagement (Project Procurement Management)
Aufgabe des Beschaffungsmanagement besteht in der Beschaffung von Waren und Leistungen außerhalb der Projektorganisation sowie die damit verbundene Vertragsgestaltung. Zum Beschaffungsmanagement gehören u. a. die Beschaffungs- und Angebotsvorbereitung, das Einholen von Angeboten oder die Lieferantenauswahl.

Abb. 2.6 Wissensgebiete des Projektmanagements

Stakeholder-Management (Project Stakeholder-Management)
Durch das Stakeholder-Management werden für die mittelbar und unmittelbar
am Projekt beteiligten Personen Prozesse zur Verfügung gestellt, mit denen die
unterschiedlichen Interessen und Bedürfnisse der Stakeholder besser berücksichtigt werden können. Hierzu zählen u. a. die Identifizierung von Stakeholdern, die
Vorgehensplanung oder das Monitoring der Stakeholder (Abb. 2.6).

Herausforderungen beim (IT-) Projektmanagement

3

Im Regelfall entsteht ein Projekt auf Basis einer Ausgangslage bzw. eines Problems im Unternehmen, welche einen Handlungsbedarf initiiert, der die Organisationsform eines Projektes bedingt. Der Handlungsbedarf artikuliert sich in Form einer Zielsetzung zur Erreichung eines Sollzustandes. Ziel der Projektinitialisierung ist es, alle notwendigen Rahmenbedingungen festzulegen, damit die konkrete Durchführung des Projektes ausgelöst werden kann (vgl. Aichele 2006, S. 52). Zu diesen Rahmenbedingungen gehören u. a.:

- Die Definition der Projektziele und Qualitätskriterien (vgl. Abschn. 3.2).
- Die Festlegung eines groben Projektstrukturplans (vgl. Abschn. 2.1.3).
- Die zeitliche Terminierung des Projekts (vgl. Abschn. 5.1.2).
- Die Festlegung der Projektinfrastruktur (vgl. Abschn. 3.5).
- Die Bildung eines Projektteams (vgl. Abschn. 2.1.5).
- Die Finanzierung des Projekts (vgl. Abschn. 3.6).

Nachfolgend werden zunächst allgemeine Herausforderungen des Projektmanagements betrachtet und erläutert.

3.1 Allgemeine Herausforderungen

Die Chaos-Studie der Standish Group (vgl. Standish Group 2013) betrachtet die Erfolgs- und Misserfolgsfaktoren in IT-Projekten. Die Studie brachte hervor, dass im Jahr 2012 lediglich 39 % der teilnehmenden Unternehmen erfolgreich IT-Pro-

© Springer Fachmedien Wiesbaden 2014
C. Aichele, M. Schönberger, *IT-Projektmanagement*, essentials,
DOI 10.1007/978-3-658-08389-2_3

17

	2004	2006	2008	2010	2012
Erfolgreiche Projekte	29 %	35 %	32 %	37 %	39 %
Projekte mit Abweichungen	53 %	46 %	44 %	42 %	43 %
Gescheiterte Projekte	18 %	19 %	24 %	21 %	18 %

Abb. 3.1 Erfolgreiche und gescheiterte IT-Projekte im Überblick

jekte abschließen konnten. 43 % der Unternehmen gaben an, ihre Projekte mit Kostenabweichungen oder Zeitüberschreitungen beendet zu haben. Insgesamt wurden 18 % der IT-Projekte vorzeitig abgebrochen (vgl. Abb. 3.1 und Standish Group 2013).

Anhand der Studie lässt sich ableiten, dass die Realisierung eines effizienten und zielführenden (IT-)Projektmanagements, Unternehmen gegenwärtig vor einige Herausforderungen stellt. Die Aufgabengebiete oder die Organisation von IT-Projekten unterscheidet sich nicht grundlegend von anderen Entwicklungsprojekten (Maschinen, Bauwerke, etc.), dennoch bestehen eine Reihe signifikanter Unterschiede (Schönberger 2014, S. 91):

• Software stellt ein immaterielles Produkt dar.
• Software unterliegt im Gegensatz zur Hardware keinem Verschleiß.
• Software altert.
• Software kann ohne Qualitätsverluste dupliziert oder vervielfältigt werden.
• Software ist leichter abänderbar als vergleichsweise ein technisches Produkt.
• Software ist schwer zu vermessen.

Insbesondere bei der Durchführung von IT-Projekten, die sich zum Teil der Lösung neuartiger und innovativer Probleme widmen, entstehen oftmals durch bspw. mangelhafte Definition der Projektziele, fehlerhafter Planung des Gesamtprojektes oder fehlender Flexibilität in Bezug auf unvorhersehbare Projektereignisse, Schwierigkeiten bei der Projektdurchführung und -realisierung. Der Erfolg jedes Projektes wird durch folgende drei Eckpunkte („Magisches Dreieck" des Projektmanagements) bestimmt (vgl. Aichele 2006, S. 25 f.):

Qualität und Funktionalität
Eine präzise Definition der Funktionalität und Qualität sowie deren permanente Überprüfung bilden einen wichtigen Erfolgsfaktor von Projekten. Üblicherweise werden die Anforderungen an die Funktionalität und Qualität des Endproduktes zum Beginn eines jeden Projektes in Rücksprache mit dem Kunden festgelegt. Die Faktoren Funktionalität und Qualität werden oftmals unter dem Begriff „Leistung" subsumiert.

Kosten
Jedem Projekt steht ein bestimmtes Budget zur Verfügung, das nicht überschritten werden darf. Anfallende Projektkosten sind bspw. Kosten für die benötigten Materialien, Mitarbeiter sowie Hard- oder Software. Die tatsächlich anfallenden Kosten müssen ständig überwacht werden, sodass Budgetüberschreitungen verhindert werden können.

Zeit
Ein Projekt wird durch feste Zeitbegrenzungen limitiert. Hierzu werden im Voraus Termin- und Zeitpläne entwickelt die darauf abzielen, Verzögerungen zu vermeiden und das Projekt zu einem absehbaren Zeitpunkt zu beenden. Für die Kontrolle der Einhaltung der Zeit- und Terminpläne werden üblicherweise Meilensteine definiert, an denen Zwischenergebnisse erreicht sein müssen.

Diese drei Faktoren sind voneinander abhängig und konkurrieren um ihre Anteile im Projekt. Hierbei sollten die verwendeten Kosten und die zur Projektrealisierung benötigte Zeit möglichst minimal und die Qualität und Funktionalität möglichst maximal sein (vgl. Abb. 3.2).

Der amerikanische Softwareentwickler und -tester Harry Sneed betrachtet mit seinem aufgestellten „Teufelsquadrat" einen ähnlichen Ansatz, jedoch werden hier die Faktoren Qualität und Funktionalität (Leistungsumfang) getrennt voneinander und damit vier Zielgrößen betrachtet (vgl. Abb. 3.3). Diese bewegen sich auf den Diagonalen des Quadrats. Hierbei gilt (vgl. Nehfort 2014, S. 462):

- Höhere Qualität und Leistung führen zu einem besseren Ergebnis („Plus"-Zeichen außen).
- Kürzere Entwicklungsdauer und geringere Kosten führen zu einem besseren Ergebnis („Minus"-Zeichen außen).
- Die Fläche (Produktivität des Projektes) ist invariant, d. h. verringern sich bspw. Zeit und Kosten des Projektes, verringern sich auch der Leistungsumfang und die Qualität. („gestricheltes" Viereck).

Abb. 3.2 „Magisches Dreieck" des Projektmanagements

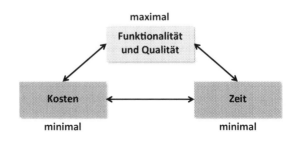

Abb. 3.3 „Teufelsquadrat"
des Projektmanagements

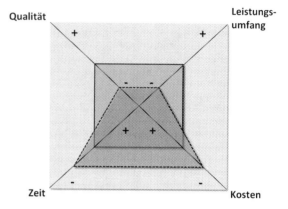

In den nachfolgenden Kapiteln werden auf weitere, speziellere Herausforderungen beim (IT-)Projektmanagement eingegangen.

3.2   Projektziele und Qualitätssicherung

Das Setzen von Zielen ist elementar wichtig in einem Projekt. Ziele stellen Aussagen über erwünschte Zustände dar, die als Ergebnisse von Entscheidungen eintreten sollen. Ziele werden durch einen Zielinhalt, einen Zeitbezug, einen objektbezogenen Geltungsbereich und einem Zielausmaß beschrieben. Da rein qualitative Ziele dem Problem der nicht oder nur äußerst schwierig nachweisbaren Zielerreichung unterliegen, wird der Zielinhalt in der Regel durch eine oder mehrere quantifizierbare Kennzahlen dargestellt (vgl. Aichele 2006, S. 55). Darüber hinaus erfolgt durch die Zielsetzung und -dokumentation die Erzeugung eines gemeinsamen Lagebilds (Ausrichtung) wodurch die Ziele damit einfacher kommunizierbar werden.

▶ **DIN 69901** Ein **Projektziel** ist die „Gesamtheit von Einzelzielen, die durch das Projekt erreicht werden" (DIN 2009, S. 160).

Bei der Festlegung von Zielen müssen bestimmte Zieleigenschaften eingehalten werden. Eine weitverbreitete und einfache Methode zur Erfüllung dieser Eigenschaften ist, die Ziele SMART zu definieren (vgl. Hruschka 2014, S. 440):

*   Specific (spezifisch): Ziele müssen eindeutig und verständlich sein.
*   Measurable (messbar): Ziele müssen messbar sein.

- Appropriate (angemessen): Ziele müssen den Aufwand rechtfertigen.
- Realistic (realistisch): Ziele müssen mit den gegebenen Mitteln erreicht werden können.
- Time-based (zeitbasiert): Ziele müssen in absehbarer Zeit erreicht werden können.

Die Herstellung eines vom Kunden wahrgenommen und gewünschten Qualitätszustands stellt ein allgemeingültiges Ziel bei der Durchführung von Projekten, insbesondere von auftragsbezogenen Projekten dar. Hierbei müssen unternehmensspezifische Qualitätsziele festgelegt als auch die aus dem Kundenauftrag abgeleiteten Qualitätskriterien für das jeweilige Projekt berücksichtigt werden. Können diese Qualitätskriterien nicht eindeutig aus dem Kundenauftrag ermittelt werden, sind diese beim Auftraggeber zu erfragen (vgl. Nüchter 2003, S. 333).

▶ **DIN 69901** Die DIN 69901 definiert einen **Qualitätssicherungsplan** als ein „Dokument das festlegt, welche Verfahren und Instrumente sowie zugehörigen Ressourcen wann und durch wen bei einem spezifischen Projekt, Produkt, Prozess oder Vertrag zur Sicherung der Qualität angewendet werden müssen" (DIN 2009, S. 161).

Zur Sicherung der Projektqualität als auch zur Dokumentation der aufgestellten Qualitätskriterien empfiehlt sich die Erstellung und Anwendung eines Qualitätssicherungsplans (QS-Plan). Durch diesen werden alle Maßnahmen zur Qualitätssicherung beschrieben und dient zudem als schriftlicher Nachweis der Qualitätslenkung. Der QS-Plan soll das Projektmanagement in folgenden Punkten unterstützen (vgl. Jenny 2001, S. 206):

- Planung und Abstimmung der notwendigen Qualitätssicherungs-Tätigkeiten,
- Erarbeitung und Dokumentation von Sollvorgaben für die Qualitätssicherung,
- Abschätzung und Überwachung der Qualitätssicherungskosten.

3.3 Anforderungsmanagement

Technische und fachliche Anforderungen stellen die Grundlage für nahezu alle weiteren Projektaufgaben dar und sollten bereits zu Projektbeginn definiert werden. Die Erhebung, Anpassung und Verwaltung von Anforderungen bilden den Schwerpunkt des Anforderungsmanagements. Notwendige Aufgaben bestehen hierbei in der Ermittlung, Dokumentation und Abstimmung der Projektanforderungen. Ziel des Anforderungsmanagements besteht in der möglichst fehlerfreien und effizienten Entwicklung eines Produktes oder Dienstleistung.

▶ **Anforderung**

1. Eine Bedingung oder Eigenschaft, die ein System oder eine Person benötigt um
   ein Problem zu lösen oder ein Ziel zu erreichen.
2. Eine Bedingung oder Eigenschaft, die ein System oder eine Systemkomponente
   aufweisen muss, um einen Vertrag zu erfüllen oder einem Standard, einer Spe-
   zifikation oder einem anderen formell auferlegten Dokument zu genügen.
3. Eine dokumentierte Repräsentation einer Bedingung oder Eigenschaft, wie in
   (1) oder (2) definiert (Schönberger und Aichele 2014, S. 169).

Anforderungen beschreiben, bezogen auf die Realisierung von IT-Projekten und
im Speziellen auf die Softwareentwicklung, Funktionalitäten und Eigenschaften
einer Software, die entweder aus Kundenwünschen oder gegebenen Aufgabenstel-
lungen abgeleitet werden. Die hierbei betrachteten Anforderungen an Softwaresysteme werden in funktionale und nichtfunktionale Anforderungen unterschieden
(vgl. Schönberger und Aichele 2014, S. 169):

• Funktionale Anforderungen definieren das Verhalten sowie die Funktionen der
  Software und beschreiben somit den Leistungsumfang einer Software.
• Nichtfunktionale Anforderungen beschreiben Möglichkeiten zur Realisierung
  funktionaler Anforderungen und geben hierfür feste Rahmenbedingungen vor,
  wie z. B. Benutzbarkeit, Zuverlässigkeit oder Wartbarkeit.

Zu besseren Strukturierung in funktionale und nichtfunktionale Anforderungen
dient eine Unterteilung in Entwickler- und Anwendersicht (vgl. Abb. 3.4).

Abb. 3.4 Anforderungstypen in der Softwareentwicklung

Aufbauend auf der Zielsetzung des Projekts und Anforderungen an die Projektlösung erfolgt die Erstellung des Lastenheftes. Im Wesentlichen werden durch die Erstellung des Lastenheftes folgende Ziele verfolgt (Aichele 2006, S. 138 f.):

- Die Beschreibung der Ausgangslage zum Projekt (Ist-Situation, Ziel und Zweck, Geltungsbereich etc.),
- die Beschreibung der Anforderungen an das zu realisierende Projekt,
- die Sicherstellung, dass wichtige Themenkreise nicht vergessen werden,
- die klare Abgrenzung zum Umfang des zu erstellenden Projekts und
- die Übereinstimmung über Art und Umfang der Projektaufgabe hinsichtlich der Vorstellungen des Auftraggebers und des Auftragnehmers.

▶ **DIN 69901** Nach der DIN 69901 ist ein **Lastenheft** ein „vom Auftraggeber festgelegte Gesamtheit der Forderungen an die Lieferungen und Leistungen eines Auftragnehmers innerhalb eines (Projekt-)Auftrags" (DIN 2009, S. 153).

Das Lastenheft ist somit die Grundlage zur Lösungsfindung im Projektverlauf und bildet weiterhin die Basis für (Aichele 2006, S. 138 f.):

- den Aufbau und Inhalt möglicher Angebote (konkrete Kostenplanung zum Projekt),
- die Spezifizierung und Strukturierung der Aktivitäten zum Projekt,
- die fundierte Zuordnung geeigneter Ressourcen zu den Aktivitäten des Projektes,
- die Grundlage zum fachlichen Projektcontrolling (Bewertung der Lösungen auf Basis der konkreten Vorgaben des Lastenheftes) sowie
- die Vermeidung der Bearbeitung vom Projektinhalt abweichender Themen.

▶ **DIN 69901** Nach der DIN 69901 enthält ein **Pflichtenheft** „vom Auftragnehmer erarbeitete Realisierungsvorgaben auf der Basis des vom Auftraggeber vorgegebenen Lastenhefts" (DIN 2009, S. 154).

Aus der Sicht des Auftragnehmers stellt das Pflichtenheft die formelle und detaillierte Antwort auf die Anforderungen des Auftraggebers dar, die zuvor im Lastenheft beschrieben wurden. Die zu erbringenden Ergebnisse des Auftragnehmers werden dadurch in erforderliche Tätigkeiten (Pflichten) umgesetzt (vgl. Schönberger und Aichele 2014, S. 173).

3.4 Projektentscheidung und Entscheidungsprobleme

Die Kernfunktion unternehmerischen Handels in Organisationen ist das Entscheiden. Ein Entscheidungsproblem liegt dann vor, wenn unter bestimmten Rahmenbedingungen oder Umweltzuständen, aus mehreren Projektalternativen diejenigen Projekte auszuwählen sind, die am besten zur Zielerfüllung beitragen. Insbesondere in der Projektorganisation ist schnelles Entscheiden für die Realisierung erfolgreicher Projekte unabdingbar. Schnelle Entscheidungsfindung bedeutet aber nicht intuitives, sondern insbesondere validiertes Entscheiden (Aichele 2006, S. 52).

Projektbezogene Entscheidungen lassen sich unterscheiden nach (vgl. Aichele 2006, S. 52 f.):

- Dem Bezugszeitraum in kurz-, mittel- oder langfristige Entscheidungen,
- den Funktionsbereichen, Unternehmensprozessen oder Geschäftsobjekten in Beschaffungs-, Produktions-, Absatz-, Finanzierungs- oder Projektentscheidungen,
- der Planungshierarchie in strategische, taktische oder operative Entscheidungen,
- der zeitlichen Reichweite in konstitutive oder laufende Entscheidungen.

Projektentscheidungen sind in der Regel einmalige und investitionsbezogene Entscheidungen (konstitutive Entscheidungen). Ein einfaches Verfahren zur Herbeiführung einer Entscheidung ist die Aufstellung einer Entscheidungstabelle (vgl. Abb. 3.5). Eine Entscheidungstabelle besteht aus einem Bedingungsteil, in dem alle für die Entscheidung relevanten Bedingungen aufgeführt werden und einem Aktionsteil, in dem alle relevanten Folgeaktionen angeführt sind. Innerhalb des Regelteils werden alle möglichen Ja/Nein-Kombinationen zu den Bedingungen aufgeführt. Auf Grundlage dieser Kombinationen können im Aktionsteil die damit verbundenen Folgeaktionen ermittelt werden (vgl. Aichele 2006, S. 53). Im nachfolgenden Beispiel ist eine Entscheidungstabelle für die Einführung eines CRM-Systems dargestellt.

Einführung eines CRM-Systems (vgl. Aichele 2006, S. 54)

Aus Abb. 3.5 können folgende Bedingungen (B) und Alternativen (A) zur Einführung des CRM-Systems entnommen werden:

- B1 = Budget vorhanden,
- B2 = Mitarbeiter qualifiziert,
- B3 = Anforderung vorhanden,

Regelteil Bedingungsteil	R1	R2	R3	R4	R5
B1: Budget vorhanden	Ja	Ja	Ja	Ja	Nein
B2: Mitarbeiter qualifiziert	Ja	Ja	Nein	Nein	Ja
B3: Anforderung vorhanden	Ja	Nein	Ja	Nein	Ja
Aktionsteil / Alternativen					
A1: Systementwicklung	+	+			
A2: Kein System				+	+
A3: Standardsoftware kaufen	+		+		

Abb. 3.5 Entscheidungstabelle für eine CRM Systementwicklung

- A1 = Systementwicklung,
- A2 = Kein System,
- A3 = Standardsoftware kaufen.

Unter B3 werden die Anforderungen des Fachbereichs an die CRM-Software verstanden, also alle mit dem Objekt Kunde verbundenen Aktivitäten sowie Stamm- und Bewegungsdaten, wie z. B. das Kundenkonto, Kontakte, Bestellungen oder Rechnungen. Aufgrund der möglichen Regelausprägungen kommen die Regelkombination R1 für die Ausführung der Alternativen A1 und A3 in Frage. Da B1, B2 und B3 erfüllt sind, kann das Unternehmen A1 oder A2 durchführen. Die Regelkombination R2 ermöglicht die Ausführung von A1. A3 kann ohne detaillierte Anforderungen (B3 nicht erfüllt) nicht ausgewählt werden. Regelkombination R3 erlaubt nur die Alternative A3, da ohne qualifizierte Mitarbeiter (B2 nicht erfüllt) keine Systementwicklung (A1) durchgeführt werden kann. R4 erlaubt nur A2, da ohne qualifizierte Mitarbeiter (B2 nicht erfüllt) und ohne vorhandene Anforderungen (B3 nicht erfüllt) weder eine Eigenentwicklung (A1) durchgeführt werden kann noch eine Standardsoftware (A3) eingeführt werden kann. Ohne Budget (B1 nicht erfüllt) kommt nur die Alternative A2: Kein System in Frage (Regelkombinationen R5 bis R8).

Damit wird verdeutlicht, dass sich Entscheidungsprobleme aus drei Elementen zusammensetzen (vgl. Aichele 2006, S. 55):

- Umweltzuständen, also reale Sachverhalte, die durch den Entscheidungsträger innerhalb des Planungshorizonts nicht beeinflussbar bzw. nicht kontrollierbar sind,
- Alternativen, also voneinander unabhängige Vorgehensweisen zur Erreichung eines angestrebten Ziels, und
- Zielen (vgl. Abschn. 3.2).

In Abschn. 5.2 werden weitere Methoden zur Entscheidungsfindung vorgestellt und erklärt, die sich für die Lösung von Entscheidungsproblemen in Projekten bewährt haben.

3.5 Projektinfrastruktur und Ressourcenplanung

Basierend auf der Grundlage der Aktivitäten- und Terminplanung erfolgt die Planung der Projektmitarbeiter sowie der benötigten Ressourcen. Der Fokus der Ressourcenplanung liegt im Wesentlichen auf dem benötigten Personal. Die Aufgaben der Personalplanung befassen sich hierbei mit der Sicherstellung der Mitarbeiterverfügbarkeit, der Vermeidung von Mitarbeiterauslastung sowie der Vermeidung von mangelnder Mitarbeiterausstattung (vgl. Aichele 2006, S. 132 f.).

Zur erfolgreichen Projektarbeit sollte das Projektteam möglichst nicht während der Laufzeit eines Projektes personell verändert werden. Dies würde zu einem hohen Einarbeitungsaufwand für die bestehenden und neuen Ressourcen führen, da sich das Projektteam durch die intensive bisherige Beschäftigung mit dem Thema ein Spezialwissen angeeignet hat (Aichele 2006, S. 133).

Die angemessene Unterstützung des Projektteams durch Hilfsmittel zur Projektdurchführung, ist ein wesentlicher Bestandteil des Projektmanagements. Der Einsatz projektspezifischer Hilfsmittel garantiert zwar keinen Projekterfolg, stellt dafür aber eine Entlastung des Managements und des Teams dar, insbesondere bei der Bearbeitung zeitintensiver Routineaufgaben (vgl. Broy und Kuhrmann 2013, S. 209). Durch die Projektinfrastruktur werden eine Vielzahl an Hilfsmitteln zur Erreichung der Projektziele zur Verfügung gestellt (vgl. Aichele 2006, S. 36 ff.):

- Räume und die darin enthaltenen Arbeitsmittel, wie z. B. Rechner, Drucker, Telefone, etc.
- Softwaregestützte Tools und ggf. zusätzliche Hardwaregeräte für die Entwicklung, Test und Qualitätssicherung von IT-Projekten, wie z. B. Office-, Zeichen-, Modellierungs-, Projektplanungs-Tools, etc.
- Modelle zur Einhaltung vorgegebener Rahmenbedingungen, wie z. B. Vorgehens-, Zeichnungs-, Beschreibungs-, mathematische Modelle, etc.
- Methoden zur Projektkommunikation und -dokumentation, wie z. B. E-Mail-Verteiler, Foren, Wikis, Formatvorlagen, etc.

Bei der Auswahl geeigneter Ressourcen sind die Faktoren Ressource, Zeit und Kosten optimal aufeinander abzustimmen (Aichele 2006, S. 133):

- Die geeigneten Ressourcen im eigenen Unternehmen sind im Regelfall auch die wichtigsten Ressourcen mit der geringsten zeitlichen Verfügbarkeit.

- Die geeigneten Ressourcen eines anderen Unternehmens (z. B. Berater) sind im Regelfall die kostenintensiveren Lösungen.

Bei Einschränkung einer dieser drei Faktoren müssen im Regelfall die anderen Faktoren erhöht werden (Aichele 2006, S. 133):

- Bei geringer zeitlicher Verfügbarkeit der geeigneten Ressourcen im eigenen Unternehmen (z. B. nur ein Tag anstatt zwei Tage Projektarbeit pro Woche) verlängert sich die Projektlaufzeit entsprechend.
- Bei anteiliger Substitution der geeigneten Ressource des eigenen Unternehmens durch die eines anderen Unternehmens (z. B. Berater) steigen im Regelfall die Projektkosten.

Die Auswahl der Ressourcen des eigenen Unternehmens muss auf jeden Fall mit der jeweiligen Bereichsleitung des Fachbereiches abgestimmt werden. Hierbei müssen die Konsequenzen der Freistellung der Ressource deutlich genannt werden (Aichele 2006, S. 133).

3.6 Kostenplanung

Ein weiterer wesentlicher Aspekt des Projektmanagements ist die Einhaltung und Überwachung der anfallenden Projektkosten. Der Erfolg des Projektes hängt neben der Einhaltung der Termine und Qualität der Leistung (vgl. Abschn. 3.1) vor allem auch davon ab, inwieweit der ursprünglich vereinbarte Kostenrahmen des Projektes eingehalten wurde. Unter der Kostenplanung versteht man die Ermittlung der Kosten für die einzelnen Aktivitäten sowie für das Gesamtprojekt als Grundlage für Finanzierung, Budgetierung und Controlling des Projektes (Aichele 2006, S. 135).

▶ **DIN 69901** Die DIN 69901 versteht unter einem **Kostenplan** die „Darstellung der voraussichtlich für das Projekt anfallenden Kosten, welche auch den Kostenverlauf enthalten kann" (DIN 2009, S. 153).

Ziele der Projektkostenplanung sind die Erfassung und die Dokumentation der Projektkosten als (Aichele 2006, S. 135):

- Dispositionsgrundlage, z. B. bezüglich der Entscheidung der Projektdurchführung, oder der Festlegung des Angebotspreises,
- Bestandteil der geplanten Kosten des Unternehmens im Rahmen der Zusammenstellung eines Wirtschaftsplanes,

• Möglichkeit eines anschließenden Soll-Ist-Vergleiches, der Gegenüberstellung der geplanten Kosten mit den tatsächlich entstandenen Kosten.

▶ **DIN 69901** Die DIN 69901 versteht unter dem Begriff **Projektcontrolling** die „Sicherstellung des Erreichens aller Projektziele durch Ist-Datenerfassung, Soll-Ist-Vergleiche, Analyse der Abweichungen, Bewertung der Abweichungen ggf. mit Korrekturvorschlägen, Maßnahmenplanung und Steuerung der Durchführung von Maßnahmen" (DIN 2009, S. 153).

Laufende Soll-Ist-Vergleiche (Controlling der Projektkosten) sind außerordentlich wichtig, da nur durch eine sorgfältige Verfolgung der geplanten Kosten eine wirtschaftliche Projektabwicklung möglich ist. Folgende Aufgaben werden hierdurch erfüllt (Aichele 2006, S. 135):

• Frühwarnung bei Kostenüberschreitung: Die laufende Verfolgung zeigt bei richtiger Handhabung drohende Überschreitungen der Projektkosten rechtzeitig an. Dadurch können frühzeitig Gegenmaßnahmen eingeleitet werden. Sollte ein Ausgleichen der Kostenüberschreitung in zukünftigen Phasen nicht möglich sein, sind frühzeitige Alternativentscheidungen möglich, z. B. Budgeterhöhung oder die Reduktion des Projektumfangs.
• Kostenprognose für die Folgephasen des Projektes: In enger Beziehung zum Effekt der Frühwarnung kann auf Basis der vorhandenen Istwerte sowie den resultierenden Soll-Ist-Abweichungen die voraussichtliche Entwicklung und Gesamthöhe der Projektkosten besser prognostiziert werden.
• Schwachstellenanalyse bisheriger Projektarbeit: Ergebnis der Kostenverfolgung können unter anderem Hinweise auf Schwachstellen der Projektabwicklung liefern, z. B. zu hoher Schulungsaufwand, zu viele Projekt- statt Arbeitssitzungen oder die Bearbeitung von Zusatzthemen, die nicht Bestandteil der Projektziele sind.
• Wirtschaftlichkeitsanalyse: Gewährleistung der wirtschaftlichen Umsetzung des Projektergebnisses, z. B. keine Verzettelung im letzten Prozent der Lösungsentwicklung.

Da sich ein Projekt häufig durch Neuartigkeit, Einmaligkeit, Komplexität und Unsicherheit auszeichnet ist die frühzeitig detaillierte Kostenplanung von noch höherer Bedeutung, da zu Beginn des Projektes die Unsicherheit über die anfallenden Kosten sowie deren Beeinflussbarkeit hoch ist. Je früher Fehlentwicklungen erkannt werden, desto höher ist somit die Chance des Gegenwirkens ohne gravierende Folgen. Eine Kostenüberschreitung macht unter Umständen den erwarteten Nutzen zunichte und gefährdet damit den Projekterfolg (Aichele 2006, S. 135 f.).

Vorgehensmodelle zur Projektdurchführung

4

In den nachfolgenden Ausführungen werden ausgewählte Vorgehensmodelle zur Projektdurchführung genannt und näher erläutert. Zuvor wird in Abschn. 4.1 der Begriff Vorgehensmodell definiert und kurz charakterisiert. Aufbauend auf der Begriffsbestimmung werden klassische (vgl. Abschn. 4.2), moderne (vgl. Abschn. 4.3) und agile Vorgehensmodelle (vgl. Abschn. 4.4) betrachtet.

4.1 Definition und Charakterisierung von Vorgehensmodellen

Wesentliche Aufgabe der Projektorganisation ist es, für ein konkretes (IT-)Projekt einen geeigneten Entwicklungsprozess zu definieren und diesen entsprechend umzusetzen (vgl. Broy und Kuhrmann 2013, S. 85). Vorgehensmodelle stellen hierbei Werkzeuge dar, welche den Projektverantwortlichen bei der Planung, Durchführung und Kontrolle von Projekten unterstützen sollen. Vorgehensmodelle bestehen typischerweise aus mehreren aufeinander aufbauenden Phasen, die in einer festen Reihenfolge hintereinander geschaltet sind. Aus den zahlreichen Ausprägungen unterschiedlicher IT-Projekte resultiert, dass zur Bearbeitung unterschiedlicher Aufgabenstellung nicht immer nur ein Vorgehensmodell existieren kann. Insbesondere im Bereich der Softwareentwicklung werden aufgrund der steigenden Komplexität zu entwickelnder Software immer häufiger spezialisierte Vorgehensmodelle gefordert, die Entwicklungsrisiken überschaubarer und den Entwicklungsstand transparenter gestalten sollen (vgl. Aichele 2006, S. 45). In der Literatur findet sich

© Springer Fachmedien Wiesbaden 2014
C. Aichele, M. Schönberger, *IT-Projektmanagement*, essentials,
DOI 10.1007/978-3-658-08389-2_4

eine Vielzahl an unterschiedlichen Definitionen zu Vorgehensmodellen.[1] In Bezug auf die Entwicklung von Anwendungssoftware soll nachfolgende Definition, den Begriff Vorgehensmodell detaillierter bestimmen:

▷ **Vorgehensmodell** Ein Vorgehens- oder Entwicklungsmodell stellt einen Entwicklungsplan zur Konzeption, Herstellung und Wartung von Softwareprodukten oder -systemen dar, welcher durch standardisierte Phasen, Aktivitäten und Werkzeuge das generelle Vorgehen der Softwareentwicklung festlegt (Schönberger und Aichele 2014, S. 139).

Mit Bezug auf das in Abschn. 3.1 vorgestellte „Magische Dreieck" des Projektmanagements ist besonders die Auswahl eines geeigneten Vorgehensmodells entscheidend zum einen für den Erfolg und die Qualität des IT-Projektes und zum anderen für das Einhalten terminlicher Vorgaben und Kostenbudgets. Die Wahl eines Vorgehensmodells ist abhängig vom Gleichheitsgrad der Projekte, d. h. (vgl. Schönberger und Aichele 2014, S. 137 f.):

- bei einem hohen Gleichheitsgrad mit vorausschauender Planung ist ein standardisiertes Vorgehensmodell geeigneter, während
- bei vielen Projektunbekannten oder Forschungsprojekten mit notwendiger anpassbarer Planung ein dynamisches Vorgehensmodell zielführender ist.

Grundlegend sind alle Vorgehensmodelle zur Durchführung von IT-Projekten identisch aufgebaut: Neben der Abgrenzung und Abstimmung der einzelnen Projektphasen voneinander, durch bspw. definierte Meilensteine, erfolgt die Umwandlung eines vorläufigen Konzeptes in ein lauffähiges Softwareprodukt oder in eine finalisierte IT-Dienstleistungen (vgl. Schönberger und Aichele 2014, S. 139). Allen Vorgehensmodellen zur Softwareentwicklung inhärent sind die folgenden Phasen (Aichele 2006, S. 46 f.):

- Problemanalyse: Analyse der betriebswirtschaftlichen Problemstellung.
- Sollkonzept: Entwurf einer zukünftigen betriebswirtschaftlichen Gestaltung der Prozesse.
- Systementwurf: Überführung der optimierten Geschäftsprozesse und Datenstrukturen in eine codierbare, modellhafte Form.

---

[1] Vergleiche hierzu Balzert, H.: Lehrbuch der Softwaretechnik: Basiskonzepte und Requirements Engineering. 3. Aufl., Spektrum Akademischer Verlag, Heidelberg (2009) oder auch Brandt-Pook, H.; Kollmeier, R.: Softwareentwicklung kompakt und verständlich. Wie Softwaresysteme entstehen. Vieweg + Teubner Verlag, Wiesbaden (2008).

- Programmierung: Codierung.
- Test: Überprüfen der Funktionalität der Software an realistischen Testfällen.
- Inbetriebnahme: Einspielen der Software ins Produktivsystem und Durchführung realer Prozesse und Funktionen.
- Wartung: Beseitigung von Fehlern (Bugs) und Einbringen neuer Anforderungen und Funktionen.

In der Literatur erfolgt daher weniger die Unterscheidung von Vorgehensmodellen nach deren Ergebnissen oder internen Prozessabläufen, vielmehr erfolgt eine Unterscheidung nach klassischen, modernen und agilen Vorgehensmodellen, die nachfolgend detaillierter erläutert werden (vgl. Schönberger und Aichele 2014, S. 139 f.).

4.2   Klassische Vorgehensmodelle

Unter den klassischen Vorgehensmodellen der Softwareentwicklung, auch sequenzielle Vorgehensmodelle genannt, werden Wasserfall- und Schleifenmodelle zusammengefasst. Diese Modelle gliedern das zu bearbeitende Projekt in sequenziell hintereinander ablaufende Phasen. Je nach Variation des Vorgehensmodells werden folgende Phasen in Softwareentwicklungsprozessen betrachtet (vgl. Schönberger und Aichele 2014, S. 140 f.):

- Problemanalyse und Grobplanung,
- Systemspezifikation und Planung,
- System- und Komponentenentwurf,
- Implementierung und Komponententest,
- System- und Integrationstest,
- Betrieb und Wartung.

Die Vorgehensweisen klassischer Modelle zur Softwareentwicklung basieren auf einem Top-down Ansatz und zeichnen sich durch ein sequenzielles Vorgehen mit klar definierten Phasen und Ergebnissen aus. Die Voraussetzung zum Übergang in eine nächste Phase bildet der Abschluss der gegenwärtigen Phase. Eine Phase wird als beendet bezeichnet, sofern die zum Beginn definierten Phasenziele (Ergebnisse) erreicht wurden, bspw. durch die Erstellung und Einreichung von Dokumenten oder Fortschrittsberichten. Rücksprünge in bereits abgeschlossene Phasen sind nur an zuvor definierten Zeitpunkten zulässig. Der Einsatz dieser Vorgehensmodelle erfolgt oftmals aufgrund der damit verbundenen besseren Planung, Organisation und Überwachung des jeweiligen Softwareprojekts (vgl. Schönberger und Aichele 2014, S. 141).

Wasserfallmodell

Das bekannteste klassische Vorgehensmodell ist das Wasserfallmodell (vgl. Abb. 4.1). Es wurde 1970 als Weiterentwicklung der „stufenweisen Entwicklung" von Winston W. Royce vorgeschlagen und im Jahr 1980 von Barry W. Boehm erstmals als Wasserfallmodell bezeichnet. Das Wasserfallmodell zeichnet sich durch einen Top-down-Ansatz mit eingeschränkter Rückkopplung aus, d. h. Rücksprünge sind jeweils nur zur benachbarten, vorausgehenden Phase möglich (vgl. Broy und Kuhrmann 2013, S. 89). Die einzelnen Phasen des Modells laufen nacheinander ab, wobei jede Projektphase mit einem Validierungsprozess endet. Werden durch die Validierung keine erheblichen Mängel registriert, erfolgt der Übergang in die nächste Phase (vgl. Ruf und Fittkau 2008, S. 31).

Spiralmodell

Das von Barry W. Boehm im Jahr 1988 vorgestellte Spiralmodell zur Softwareentwicklung, stellt eine Verfeinerung des Wasserfallmodells dar. Bei dem Spiralmo-

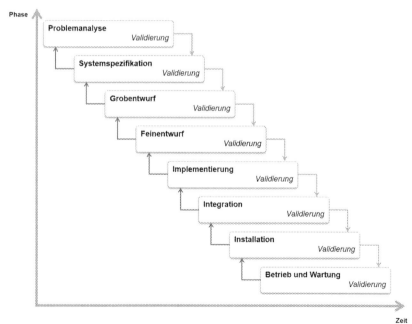

Abb. 4.1 Wasserfallmodell

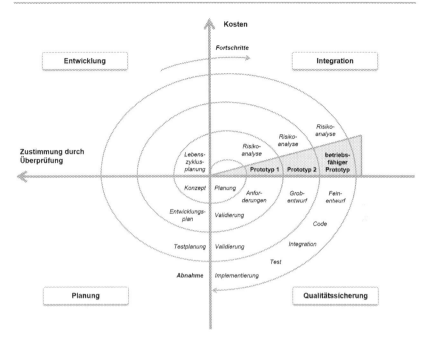

Abb. 4.2 Spiralmodell

dell (vgl. Abb. 4.2) handelt es sich um einen evolutionären Prozess, der einerseits den Gesamtaufwand des Projektes und andererseits den Projektfortschritt in den einzelnen Spiralzyklen darstellt. Die Entwicklung mittels des Spiralmodells sieht das Durchlaufen der Phasen Entwicklung, Integration, Qualitätssicherung und Planung vor. Jede Phase weist mehrere Spiralwindungen auf, die weitere Arbeitspakete enthalten (vgl. Schönberger und Aichele, S. 141). Ähnlich dem Wasserfallmodell ist jeder Zyklus innerhalb einer Phase mit einem Validierungsschritt versehen, wodurch gewährleistet werden soll, dass die Entwickler frühzeitig Fehler entdecken und beseitigen können (vgl. Aichele 2006, S. 47).

Vor- und Nachteile klassischer Vorgehensmodelle
Vorteile klassischer Vorgehensmodelle sind (vgl. Schönberger und Aichele 2014, S. 150 ff. und Aichele 2006, S. 48 f.):

- Einfache und klare Vorgehensweise.
- Gute Komplexitätsbeherrschung und damit auch für große Projekte geeignet.
- Hohe Effizienz bei bekannten und konstanten Anforderungen.
- Erhöhte Transparenz.

Nachteile klassischer Vorgehensmodelle sind (vgl. Schönberger und Aichele 2014, S. 150 ff. und Broy und Kuhrmann, S. 90 f.):

- Planungs- und Entwicklungsfehler können erst spät erkannt werden.
- Risiken sammeln sich am Ende des Prozesses („Big Bang").
- Durch den starren Ablauf sind Änderungen an den Projektanforderungen oftmals nicht mehr möglich oder nur schwer zu bewerkstelligen und mit hohen Kosten verbunden.

4.3 Moderne Vorgehensmodelle

Eine höhere Flexibilität gegenüber auftretenden Änderungen, die bessere Transparenz der Projekte und Ergebnisse sowie die verstärkte Einbindung des Endnutzers in den Projektverlauf stellen prägende Faktoren für den Übergang von klassischen zu modernen Vorgehensmodellen dar. Zu den modernen Vorgehensmodellen zählen u. a. das V-Modell und das Rational-Unified-Process-Modell (RUP-Modell).

V-Modell
Das V-Modell ist ein aktuelles, in der Praxis weit verbreitetes Vorgehenskonzept zur Entwicklung von Informationssystemen. Ursprünglich wurde das V-Modell (vgl. Abb. 4.3) im Jahr 1979 von Barry B. Boehm basierend auf dem Wasserfall-

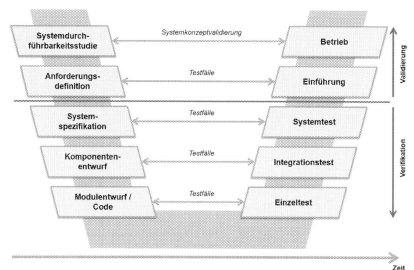

Abb. 4.3 V-Modell

modell entwickelt. Der Entwicklungsprozess wird im V-Modell als eine Folge von Aktivitäten beschrieben, bei denen definierte Ergebnisse erzeugt werden sollen. Es wird dabei nicht nur auf die Softwareerstellung eingegangen (konstruierende Aktivitäten), sondern auch Qualitätssicherung, Konfigurationsverwaltung und Projektmanagement (prüfende Aktivitäten) werden behandelt. Für die vier Tätigkeitsbereiche werden entsprechende Submodelle angeboten (Aichele 2006, S. 49).

Basierend auf dem von Boehm vorgegebenen V-Modell wurden im Laufe der Zeit mehrere Vorgehensmodelle mit ähnlichem Ansatz entwickelt. 1997 wurde mit der Veröffentlichung des Entwicklungsstandards für IT-Systeme des Bundes das V-Modell 97 gültig. Das V-Modell 97 diente als Vorgabe für den Einsatz im zivilen und militärischen Bundesbereich und wurde für die Planung und Durchführung von IT-Systementwicklungsprojekten im Bundesministerium der Verteidigung (BMVg), Bundesamt für Informationsmanagement und Informationstechnik der Bundeswehr (IT-AmtBw) und im Bundesministerium des Innern, Koordinierungs- und Beratungsstelle der Bundesregierung für Informationstechnik in der Bundesverwaltung (BMI-KBSt) integriert. Da das V-Modell 97 nach der Fertigstellung nicht weiterentwickelt wurde, erfüllte es im Jahr 2004 nicht mehr dem aktuellen Stand der Informationstechnologie und wurde durch das V-Modell XT ersetzt (vgl. V-Modell XT 2006, S. 6 f.). Das V-Modell 97 sowie das nachfolgende V-Modell XT wurden zum einheitlichen Standard für den gesamten öffentlichen Bereich. Trotzdem ist das V-Modell streng organisationsneutral konzipiert, weshalb es auch schon in vielen Unternehmen in verschiedensten Branchen, wie Banken, Versicherungen, Automobilindustrie usw. eingesetzt und als Standard für die Entwicklung von Informationssystemen vorgeschrieben wurde (Aichele 2006, S. 49).

Rational-Unified-Process-Modell
Basierend auf dem Wasserfall- und Spiralmodell vereinigt das RUP-Modell sequenzielle als auch evolutionäre Vorgehensweisen. Das RUP-Modell (vgl. Abb. 4.4) wurde 1999 von der Firma Rational entwickelt und später durch IBM gepflegt und als kommerzielles Produkt vertrieben. Grundgedanke von IBM ist es, einen architekturzentrierten und anwendungsfallgetriebenen Prozess abbilden zu können. Das RUP-Modell ist sehr stark auf die Unified Modeling Language (UML) ausgerichtet und liefert auf dieser Basis eine Methode zur Softwareentwicklung (vgl. Broy und Kuhrmann 2013, S. 102).

Abbildung 4.4 zeigt die Architektur des RUP-Modells. Das Modell unterscheidet zwischen Projektphasen, auch als dynamische Dimension bezeichnet, und Disziplinen, auch als statische Dimension bezeichnet. Zur Visualisierung wird ein zweidimensionales Koordinationssystem verwendet, in dem die Projektphasen auf die horizontale Achse und die Dimensionen auf die vertikale Achse eingetragen werden. Aufbauend auf den Entwicklungsphasen des Spiralmodells (vgl. Abb. 4.2)

Projektphasen

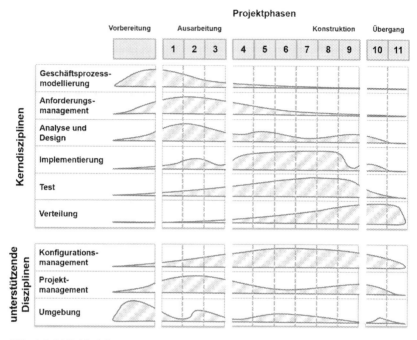

Abb. 4.4 RUP-Modell

umfasst das RUP-Modell die Kerndisziplinen Geschäftsprozessmodellierung, Anforderungsmanagement, Analyse und Design, Implementierung, Test und Verteilung. Diese werde durch die unterstützenden Disziplinen Konfigurations- und Projektmanagement sowie Entwicklungsumgebung ergänzt. Die dynamische Dimension repräsentiert den zeitlichen Faktor sowie den Lebenszyklus des jeweiligen Projektes und wird weiterhin in die Phasen Vorbereitung, Ausarbeitung, Konstruktion und Übergang untergliedert. Der Aufwand jeder einzelnen Disziplin wird durch eine Kurve dargestellt. Je höher die Kurve eines einzelnen Prozessschrittes ist, desto höher ist der Aufwand innerhalb der jeweiligen Projektphase (vgl. Schönberger und Aichele 2014, S. 146 und Broy und Kuhrmann 2013, S. 102 f.).

Vor- und Nachteile moderner Vorgehensmodelle
Vorteile moderner Vorgehensmodelle sind (vgl. Schönberger und Aichele 2014, S. 150 ff.):

- Projektrisiken können früh erkannt werden.
- Volatile Anforderungen können besser berücksichtigt werden.
- Hohe Effizienz bei bekannten und konstanten Anforderungen.

• Erhöhte Transparenz.

Nachteile moderner Vorgehensmodelle sind (vgl. Schönberger und Aichele 2014, S. 150 ff.):

• Aufwand für alle Projektbeteiligten ist sehr hoch.
• Komplexes Projektmanagement, da eine Anpassung an das jeweilige Projekt notwendig ist.
• Ergebnisse sind schwer messbar, da keine Qualitätssicherung im Modell vorgesehen ist.

4.4 Agile Vorgehensmodelle

Basierend auf der Lean-Management-Bewegung in der japanischen Automobilindustrie, deren Ansätze in der systematischen Vermeidung von Ressourcenverschwendung zu Verbesserung und Beschleunigung der Abarbeitung von Kundenaufträgen liegen, sollen agile Vorgehensmodelle insbesondere in Domänen mit sich rasch ändernden Anforderungen, die genannten Vorteile aus der japanischen Automobilindustrie auf die Softwareentwicklung übertragen. Die Grundidee der agilen Vorgehensweise wurde im Jahr 2001 durch das sogenannte „Agile Manifest" geprägt und besteht in der Reduktion der Entwurfsphase auf ein Mindestmaß, der Erzeugung früh ausführbarer Softwareprodukte sowie in der Kundennähe (vgl. Schönberger und Aichele 2014, S. 146 f.).

Im Gegensatz zu klassischen Vorgehensmodellen (vgl. Abschn. 4.2) zeichnen sich agile Vorgehensmodelle durch relativ kurze Iterationen aus, wobei nach jeder Iteration ein für den Kunden greifbares Resultat erreicht wird, z. B. in der Softwareentwicklung durch lauffähige Software (vgl. Schönberger und Aichele 2014, S. 147). Im Weiteren werden die agilen Vorgehensmodelle Extreme Programming und Scrum näher vorgestellt.

Extreme Programming
Das im Jahr 1999 von Kent Beck vorgestellte Extreme Programming (XP) stellt eines der ersten agilen Vorgehensmodelle dar und sieht eine strikte Arbeitsteilung zwischen den Kunden und Entwicklern vor. Während die Planung und Beschreibung von Vorgängen dem Kunden obliegt, besteht die Aufgabe der Entwicklung in der Umsetzung der Prozesse zu einem Softwareprodukt sowie in der Rückmeldung über Erfolg oder Misserfolg (vgl. Schönberger und Aichele 2014, S. 147). Abbildung 4.5 zeigt den allgemeinen Prozessverlauf beim XP.

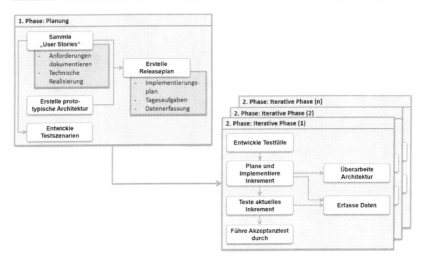

Abb. 4.5 Extreme Programming

Die Vorgehensweise beim XP ist wie folgt: Um ein Projektziel zu erreichen, werden die Programme kontinuierlich erweitert und lauffähige Prototypen entwickelt. In Rücksprache mit dem Kunden werden die realisierten Funktionen evaluiert und entweder abgenommen, angepasst oder verworfen. Im Anschluss daran wird eine neue Iteration gestartet (vgl. Kuhrmann 2013). Aufgrund der fehlenden Entwurfsplanung sowie der ständigen Beteiligung des Kunden bestehen zahlreiche Kritikpunkte an die Vorgehensweise des XP. Hinsichtlich des niedrigen Verwaltungsaufwands sowie der expliziten Berücksichtigung technischer und sozialer Aspekte der Entwickler, ist dennoch ein vermehrter Einsatz des Vorgehensmodells zu registrieren (vgl. Schönberger und Aichele 2014, S. 148).

Scrum
Der Begriff Scrum (deutsch: „Gedränge") ist dem Rugby entlehnt und wurde erstmals 1995 von Ken Schwaber, Jeff Sutherland und Mike Beedle formalisiert und in einem Regelwerk niedergeschrieben. Scrum basiert auf der Grundannahme, dass Projekte komplex und somit nicht von Anfang an detailliert planbar sind. Daher wird zu Beginn des Projektes zunächst ein grober Rahmen vereinbart, in dem sich das Team selbstorganisierend bewegen kann. In der Literatur wird Scrum als ein agiles, technologie- und toolunabhängiges Managementframework bezeichnet, das aus einem Satz von Regeln, Rollen, Prozessen und Werkzeugen besteht, den Inhalten des „Agilen Manifests" entspricht und inkrementelle und iterative Vorgehensweisen kombiniert. Scrum ist somit keine komplette Entwicklungsmethode

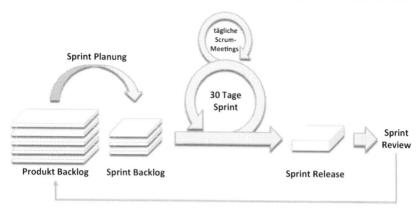

Abb. 4.6 Scrum-Prozess

in herkömmlichen Sinn. (vgl. Eckkrammer et al. 2014, S. 90 und Hruschka et al. 2009, S. 65).

Der in Abb. 4.6 dargestellte Scrum-Prozess fokussiert das gesamte Projekt im Wesentlichen auf folgende Artefakte (vgl. Broy und Kuhrmann 2013, S. 100):

- Produkt Backlog: Enthält alle bekannten Anforderungen an das zu realisierende Projekt.
- Sprint Backlog: Wird durch das Projektteam erstellt und repräsentiert durch eine Auswahl der Anforderungen aus dem Produkt Backlog die Zielvorgaben für einen Sprint wieder.
- Release: Jeder Sprint endet mit einem lieferfähigen Ergebnis (Release), z. B. bei der Softwareentwicklung durch einen lauffähigen Prototypen. Dieser Release wird in der Regel durch den Kunden geprüft.

Im Vergleich zu dem RUP-Modell oder dem V-Modell XT besitzt Scrum kein detailliertes Rollenmodell. Vielmehr werden die im Projekt anfallenden Aufgaben auf drei Rollen verteilt (vgl. Broy und Kuhrmann 2013, S. 100):

- Product Owner: Ist vergleichbar mit einem fachlichen Projektleiter und übernimmt die Verantwortung für das Projektergebnis. Weiterhin wählt er die umzusetzenden Anforderungen aus dem Produkt Backlog aus, priorisiert diese und sorgt für die Erreichung der gesetzten fachlichen Projektziele.
- Team: Wählt selbstorganisierend die umzusetzenden Anforderungen aus dem Produkt Backlog aus und ist für deren Implementierung innerhalb des jeweiligen Sprints zuständig.

- Scrum Master: Der Scrum Master stellt eine Art Mentor und Kontrollinstanz für das Projekt dar, welcher kein Teil des Projektteams ist und auch keine Weisungsbefugnisse hat. Der Scrum Master ist jedoch für die Umsetzung der Scrum-Prozesse im Projekt zuständig und achtet darauf, dass das Projektteam ohne Einflussnahme des Product Owners sich selbst organisieren kann.

Vor- und Nachteile agiler Vorgehensmodelle
Vorteile agiler Vorgehensmodelle sind (vgl. Schönberger und Aichele 2014, S. 150 ff. und Schilling 2014):

- Gute Einsetzbarkeit bei unklaren Zielen und sich ändernden Anforderungen.
- Hohe Flexibilität und verringerte Komplexität der Projektverwaltung.
- Erhöhte Transparenz auf den Projektstand und mögliche Risiken.

Nachteile agiler Vorgehensmodelle sind (vgl. Schönberger und Aichele 2014, S. 150 ff. und Schilling 2014):

- Eigenverantwortlichkeit des Projektteams kann zu Schwierigkeiten führen.
- Erhöhter Kommunikations- und Abstimmungsaufwand.
- Häufig fehlende Dokumentation der Ergebnisse.

Ausgewählte Methoden des Projektmanagements

5

5.1 Methoden zur Unterstützung der Projektplanung

Business Reengineering, Geschäftsprozessoptimierung sowie Lean Management sind Begriffe, die in den letzten Jahren und Jahrzehnten verstärkt im Zusammenhang mit Rationalisierungsprojekten in der Industrie genannt wurden. Ziele dieser Projekte beruhen auf der Optimierung der organisationsinternen Prozesse, Reduktion der Kosten sowie der Stärkung der Marktposition und damit auch der Maximierung des Umsatzes und des Gewinns. Zur Erreichung dieser Ziele erfolgt in der Praxis der Einsatz unterschiedlicher Modellierungsmethoden zur Abbildung der betriebswirtschaftlichen Zusammenhänge. Modellierungsmethoden ermöglichen die problembezogenen, grafischen Darstellungen der Realität in Form von Modellen. Modelle sind zugänglicher, leichter manipulierbar und kostengünstiger als das Original und eignen sich somit besonders für die vereinfachte Darstellung von Unternehmensstrukturen. Ziel der Modellierung ist die marktgerechte, flexible, ressourcen- sowie bedarfsminimale und outputmaximale Gestaltung aller Unternehmens- und Geschäftsprozesse (vgl. Aichele 2006, S. 227 f.).

In den nachfolgenden Abschnitten werden etablierte Modellierungsmethoden zur grafischen Darstellung von Daten- und Prozessstrukturen innerhalb des Projektmanagements vorgestellt sowie die Notation dieser Modellierungsformen erläutert.

© Springer Fachmedien Wiesbaden 2014
C. Aichele, M. Schönberger, *IT-Projektmanagement*, essentials,
DOI 10.1007/978-3-658-08389-2_5

5.1.1 Methoden zur Prozessmodellierung

Prozessmodelle beschreiben eine dynamische Sicht innerhalb eines Informations-modells. Ziel der Prozessmodellierung ist es, Prozessabläufe grafisch, übersicht-lich und einfach dazustellen (vgl. Aichele 2006, S. 232). Für die Modellierung von Prozessen können die Prozessablauf- und die Swimlanedarstellung unterschieden werden. Mit der Zeit haben sich zu diesen Hauptformen der Prozessmodellie-rung eine Vielzahl an Darstellungsvarianten etabliert, die sich in der Festlegung und Verwendung von Symbolen, Verzweigungen und Schnittstellen voneinander unterscheiden. Nachfolgend werden zunächst die Ereignisgesteuerte Prozesskette (EPK) als Variante der Prozessablaufmodellierung und anschließend die Business Process Model and Notation (BPMN) als Variante der Swimlane-Modellierung aufgeführt und erläutert.

Ereignisgesteuerte Prozesskette (EPK)
Die EPK wurde 1992 von einer Arbeitsgruppe unter der Leitung von August-Wilhelm Scheer an der Universität des Saarlandes im Rahmen eines Forschungs-projektes mit der SAP AG zur semiformalen Modellierungstechnik für die gra-fische Darstellung von Geschäftsprozessen entwickelt (vgl. Scheer 2002, S. 20). Mit dem Beschreibungsverfahren der EPK erfolgt die Darstellung ablaufbezo-gener Zusammenhänge von Funktionen und Ereignissen. Ereignisse bilden den Auslösemechanismus von Funktionen und können ebenso Ergebnisse von Funk-tionen darstellen. Ereignisse werden innerhalb der EPK als Hexagone dargestellt und besitzen keine Entscheidungskompetenz. Im Gegensatz zu Ereignissen, die immer auf einen bestimmten Zeitpunkt bezogen sind (passive Elemente), stellen Funktionen zeitverbrauchende Geschehen dar (aktive Elemente). Funktionen re-präsentieren eine fachliche Aufgabe bzw. Tätigkeit zur Unterstützung eines oder mehrerer Unternehmensziele und transformieren Input- in Outputdaten. Ereignisse und Funktionen können durch logische Operatoren miteinander verknüpft werden. Logische Operatoren werden differenziert in disjunktive Verknüpfungen (XOR; „entweder-oder"), bei denen nur eine der angegebenen Optionen möglich sein soll, adjunktive Verknüpfungen (OR; „inklusives Oder"), bei denen mehrere Optionen möglich sind und konjunktive Verknüpfungen (AND; „und"), bei denen parallele Ausführungen von Funktionen vorgesehen sind (vgl. Aichele 2006, S. 232 f. und Schönberger und Aichele 2014, S. 182 f.).

Beispiel

Nachfolgendes Beispiel zeigt die Modellierung des Prozessablaufs „Kunden-auftrag bestätigten" mittels einer EPK (vgl. Abb. 5.1)

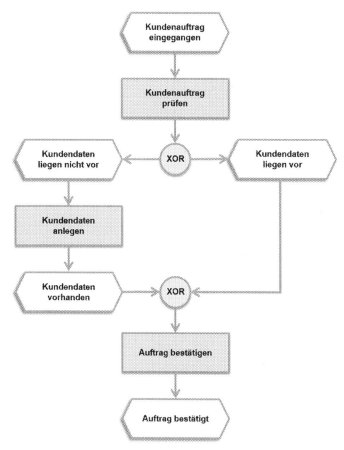

Abb. 5.1 Beispiel einer EPK

Die erweiterte Ereignisgesteuerte Prozesskette (eEPK) ergänzt die Basiselemente der EPK um Organisationseinheiten, Informationsobjekten und Prozessschnittstellen. Durch die Modellierung von eEPKs können zusätzliche Informationen, bspw. über ausführende und unterstützende Systeme, verwendete oder erzeugte Daten, sowie der Einfluss dieser auf Funktionen dargestellt werden (vgl. Aichele 2006, S. 232).

Business-Process-Model-and-Notation (BPMN)
Die BPMN-Methode stellt eine standardisierte Notation zur Darstellung von Geschäftsprozessen dar und wurde im Jahr 2002 durch den IBM-Mitarbeiter Stephen

A. White erarbeitet und später von der Business Process Management Initiative (BPMI) veröffentlicht. Seit dem Jahr 2005 wird die BPMN durch die Object Management Group (OMG) gepflegt sowie weiterentwickelt und ist seit 2006 ein offizieller OMG-Standard. Schwerpunkte der Modellierungsmethode liegen auf der grafischen Darstellung von Geschäftsprozessen sowie betriebswirtschaftlichen Arbeitsabläufen (vgl. Allweyer 2009, S. 8 ff.) Zur Modellierung eines Prozesses mittels der BPMN-Methode können folgende grafische Elemente verwendet werden (vgl. Schönberger und Aichele 2014, S. 183 f.):

- Flow Objects bezeichnen Knoten (Activities, Events und Gateways) in den Geschäftsprozessdiagrammen.
- Pools und Swimelanes sind Bereiche, mit denen Systeme, Benutzer, Abteilungen oder Benutzerrollen dargestellt werden.
- Connecting Objects stellen die verbindenden Kanten in den Geschäftsprozessdiagrammen dar.
- Artifacts sind weitere Elemente, wie bspw. Data Objects, Groups oder Annotations, die zur detaillierteren Dokumentation des Geschäftsprozesses verwendet werden können.

Beispiel

Nachfolgendes Beispiel zeigt die Modellierung eines Geschäftsprozesses mittels der BPMN-Methode. Das Modell setzt sich aus den beiden Pools „Unternehmen" und „Kunde" zusammen und bildet einen einfachen und allgemeingültigen Bestellprozess ab, welcher durch den Kunden ausgelöst wird (vgl. Abb. 5.2).

5.1.2 Netzplantechnik

Die einzelnen Projektaufgaben werden unter Berücksichtigung der vorhanden Abhängigkeiten und der Projektrahmenbedingungen in eine zeitliche Reihenfolge (Aktivitäten- und Terminplan) gebracht. Für die detaillierte Erstellung eines Aktivitäten- und Terminplans erfolgt im Regelfall der Einsatz der Netzplantechnik (vgl. Aichele 2006, S. 80).

▶ **DIN 69900** Die DIN 69900 bezeichnet die **Netzplantechnik** als „auf Ablaufstrukturen basierende Verfahren zur Analyse, Beschreibung, Planung, Steuerung, Überwachung von Abläufen, wobei Zeit, Kosten, Ressourcen und weitere Größen berücksichtigt werden können" (DIN 2009, S. 10).

Abb. 5.2 Beispiel eines
BPMN-Modells

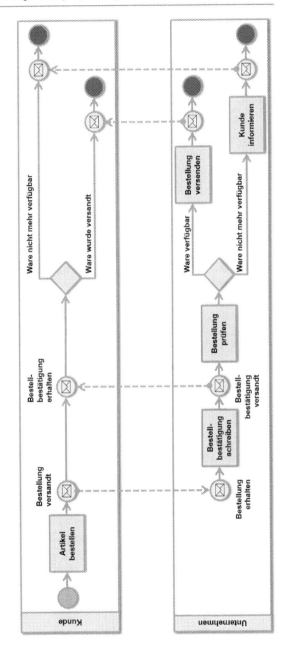

Die Netzplantechnik stellt damit eine ressourcenbasierte Planung dar. Ein Netzplan ist dementsprechend eine grafische oder tabellarische Darstellung aller Aufgaben, Aktivitäten bzw. Vorgängen mitsamt deren Abhängigkeiten unter Einbeziehung der Terminplanung. Der Netzplan bildet die Grundlage für das laufende Projektcontrolling und hat sich in folgenden Ausprägungsformen in der Praxis etabliert (vgl. Aichele 2006, S. 83):

- Vorgangspfeil-Netzplan, bspw. Critical Path Method (CPM),
- Ereignisknoten-Netzplan, bspw. Project Evaluation and Review Technique (PERT) und
- Vorgangsknoten-Netzplan, bspw. Metra Potential Method (MPM).

Alle Ausprägungsformen eines Netzplans beinhalten folgender Ablaufobjekte (Aichele 2006, S. 83 f.):

- Vorgänge: Zeitverbrauchende Aktivität mit definiertem Anfang und Ende, z. B. Festlegung der Leistungsverzeichnispositionen eines neuen Leistungsverzeichnisses.
- Ereignisse: Eintreten eines definierten Zustandes im Zeitablauf. Vorgänge beginnen und enden mit Ereignissen, z. B. Veraltetes Leistungsverzeichnis im Unternehmen vorhanden.

Über sogenannte Anordnungsbeziehungen (AOB) erfolgt die Kennzeichnung der Abhängigkeiten zwischen Ereignissen und Vorgängen (Aichele 2006, S. 84):

- Ende-Anfang AOB (EA) (auch als Normalfolge bezeichnet): Der Vorgänger (vorhergehender Vorgang) muss beendet sein, damit der Nachfolger (nachfolgender Vorgang) beginnen kann.
- Anfang-Anfang AOB (AA) (auch als Anfangsfolge bezeichnet): Zum Zeitpunkt des Beginns des Vorgängers (vorhergehender Vorgang), beginnt auch der Nachfolger (nachfolgender Vorgang). Damit liegt ein gleichzeitiger Start vor.
- Ende-Ende AOB (EE) (auch als Endfolge bezeichnet): Der Nachfolger endet gleichzeitig mit dem Vorgänger.
- Anfang-Ende AOB (AE): Der Nachfolger endet gleichzeitig mit dem Anfang des Vorgängers. Diese eher theoretische AOB impliziert, dass der Nachfolger der Vorgänger ist und der Vorgänger der Nachfolger. Insofern könnte diese AOB auch durch eine EA AOB subsumiert werden.

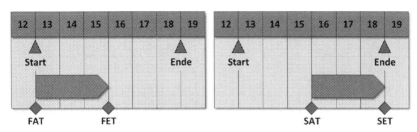

Abb. 5.3 Zeitliche Parameter eines Netzplan-Vorgangs

Die zeitlichen Parameter eines Vorgangs (vgl. Abb. 5.3) sind wie folgt (vgl. Aichele 2006, S. 80 ff.):

- Frühster Anfangstermin (FAT), beschreibt den Termin, zu dem der Vorgang frühestens beginnen kann.
- Frühester Endtermin (FET), beschreibt den Termin, zu dem der Vorgang frühestens abgeschlossen werden kann, wenn man zum FAT begonnen hat (FAT + Dauer).
- Spätester Endtermin (SET), beschreibt den Termin, zu dem der Vorgang abgeschlossen sein muss.
- Spätester Anfangstermin (SAT), beschreibt den Termin, zu dem man spätestens angefangen haben muss, wenn man zum SET fertig sein möchte (SET - Dauer).

Ausgehend von dem frühesten Projektstarttermin wird mittels der so genannten Vorwärtsterminierung der früheste Endtermin eines Projektes ermittelt. Ausgehend von einem gegebenen, spätesten Endtermin wird mittels der so genannten Rückwärtsterminierung der späteste Anfangstermin eines Projektes ermittelt. Ist die Differenz zwischen dem spätesten Anfangstermin und dem frühesten Anfangstermin größer 0 (Zeiteinheiten), so ist das Projekt (oder der einzelne Vorgang) unkritisch (Aichele 2006, S. 81). In diesem Zusammenhang spricht man von positiven Pufferzeiten (vgl. Abb. 5.4).

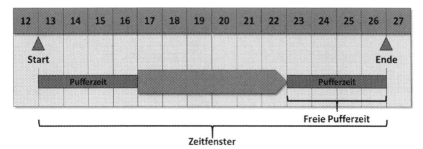

Abb. 5.4 Pufferzeiten eines Netzplan-Vorgangs

Abb. 5.5 Kritischer Pfad und kritische Vorgänge im Netzplan

▶ **DIN 69900** Die DIN 69900 bezeichnet die **Pufferzeit** als eine „Zeitspanne, um die, unter bestimmten Bedingungen, die Lage eines Ereignisses bzw. Vorgangs verändert oder die Dauer eines Vorgangs verlängert werden kann" (DIN 2009, S. 12). Die DIN 69900 unterscheidet weiterhin in freie Pufferzeit und gesamte Pufferzeit:

- Die **freie Pufferzeit** (FP) ist eine „Zeitspanne, um die ein Ereignis bzw. Vorgang gegenüber seiner frühesten Lage verschoben werden kann, ohne die früheste Lage anderer Ereignisse bzw. Vorgänge zu beeinflussen" (DIN 2009, S. 6).
- Die **gesamte Pufferzeit** (GP) ist eine „Zeitspanne zwischen frühester und spätester Lage eines Ereignisses bzw. Vorgangs" (DIN 2009, S. 8).

In Zusammenhang mit den Pufferzeiten eines Vorgangs sind weiterhin kritische Vorgänge und Pfade (Wege) im Netzplan zu betrachten (vgl. Abb. 5.5).

▶ **DIN 69900** Die DIN 69900 bezeichnet den **kritischen Pfad** als einen „Weg im Netzplan, der für die Gesamtdauer des Projektes (bzw. des Netzplans) maßgebend ist. Die Pufferzeiten der Ereignisse bzw. Vorgänge auf dem kritischen Weg sind die kleinsten im ganzen Netzplan – im Normalfall sind sie gleich null" (DIN 2009, S. 8).

Der Vorgangsknoten-Netzplan ist die derzeit am weitesten verbreitete Darstellungsform in der Netzplantechnik. Gemäß der DIN 69900 ist er ein „Netzplan, bei dem vorwiegend Vorgänge beschrieben und durch Knoten dargestellt werden" (DIN 2009, S. 15). Entwickelt wurde diese Darstellung 1957 im Zusammenhang mit der Metra Potential Methode (MPM). Die MPM ist eine Methode der Grafentheorie zur Berechnung von Netzplänen. Sie wurde erstmalig von Bernard Roy publiziert und verwendet als Darstellungsform den Vorgangsknoten-Netzplan (vgl. Aichele 2006, S. 98 f.). Das nachfolgende Fallbeispiel erläutert die Methode der Netzplantechnik anhand eines MPM-Netzplans (vgl. Aichele 2006, S. 100 ff.).

Beispiel

Ein IT-Dienstleister hat einen Auftrag zur Erstellung einer benutzerfreundlichen CRM-Software für die Funktionen Customer Service inklusive Kundenauftragsverwaltung eines international tätigen Unternehmens im Bereich Versandhandel erhalten. Die Funktion Customer Relationship Management bzw. Kundenbeziehungsadministration, enthält kundenbezogene Funktionen, wie z. B. Kundenstammdatenverwaltung, Vertriebsmanagement, Marketing oder Aktionsplanung. Die Aufgabe des Projektmanagements besteht nun in der Zeit- und Terminplanung auf Basis der folgenden Daten (vgl. Abb. 5.6).

Die vorgegebenen Rahmenbedingungen für das Projekt sind der frühste Anfangstermin mit $FAT_A = 0$ Zeiteinheiten (ZE) und der späteste Endtermin mit $SET_G = 150$ ZE. Das Projektteam hat innerhalb der Projektplanung die Aufgabe einen MPM-Netzplan unter Verwendung eines vordefinierten Symbols zu erstellen (vgl. Abb. 5.7):

Vorgang	Tätigkeit	Dauer	Vorgänger
A	Kick-Off durchführen	1	-
B	Erhebung der Anforderungen	10	EA zu A
C	Konzept entwickeln	10	EE+20 zu B
D	Softwareentwicklung durchführen	60	AA+10 zu C
E	Softwaretest durchführen	10	EA+20 zu D
F	Benutzerschulung durchführen	10	EE+5 zu D EE+10 zu E
G	Produktivstart	4	EA zu D EA zu E EA zu F

Abb. 5.6 Terminplan für eine Softwareentwicklung und -einführung

		Dauer				Dauer
Vorgangsname, -nummer oder Einzeltätigkeit			AOB	Vorgangsname, -nummer oder Einzeltätigkeit		
FAT	FET	FP		FAT	FET	FP
SAT	SET	GP		SAT	SET	GP

Abb. 5.7 Vorgangssymbolik zum MPM-Netzplan

In einem ersten Schritt wird der Netzplan mit allen vorgegebenen Informationen grafisch erstellt (vgl. Abb. 5.8). Nach der Übertragung der gegebenen Informationen in den grafischen Netzplan wird die Vorwärtsterminierung durchgeführt. Relativ einfach ist die Vorwärtsterminierung bei einfachen Abhängigkeiten, d. h., der nachfolgende Vorgang hat nur einen Vorgänger. Aus dem Terminplan ist ersichtlich, dass zwischen dem Vorgang A und B eine EA AOB besteht. Weitere Abhängigkeiten zu B gibt es nicht. Damit ist die Berechnung wie folgt:

1. Berechnung des FET zum Vorgang A: $FET_A = FAT_A + D_A = 0 + 1 = 1$
2. Berechnung des FAT zum Vorgang B
   mit EA zu A: $FAT_B = FET_A = 1$

AOB's können durch Zeitangaben ergänzt werden (Vorgang B zu C mit einer EE+20 AOB). Die Berechnung ist hierbei wie folgt:

1. Berechnung des FET zum Vorgang B: $FET_B = FAT_B + D_B = 1 + 10 = 11$
2. Berechnung des FET zum Vorgang C
   mit EE+20 zu B: $FET_C = FET_B + 20 = 11 + 20 = 31$
3. Berechnung des FAT zum Vorgang C: $FAT_C = FET_C - D_C = 31 - 10 = 21$

Bei mehreren Vorgängern, wie im Falle von Vorgang F, wird bei der Vorwärtsterminierung die maximale aus den AOB's berechnete Zeiteinheit ausgewählt:

1. Berechnung des FET zum Vorgang F
   mit EE+5 zu D: $FET_F = FET_D + 5 = 91 + 5 = 96$
2. Berechnung des FET zum Vorgang F
   mit EE+10 zu E: $FET_F = FET_E + 10 = 121 + 10 = 131$
3. Auswahl des maximalen FET
   zum Vorgang F: $FET_F = 131$
4. Berechnung des FAT zum Vorgang F: $FAT_F = FET_F - D_F = 131 - 10 = 121$

Die Vorwärtsterminierung endet mit einem frühesten Endtermin des Projektes bei $FET_G = 135$. Die sich anschließende Rückwärtsterminierung läuft prinzipiell genauso, nur statt den maximalen Zeiteinheiten werden die minimalen Zeiteinheiten ausgewählt und die AOB's müssen rückwärts gerechnet werden:

1. Berechnung des SAT zum Vorgang G: $SATG = SETG - DG = 150 - 4 = 146$
2. Berechnung des SET zum Vorgang F
   mit EA zu G: $SETF = SATG = 146$
3. Berechnung des SAT zum Vorgang F: $SAT_F = SET_F - D_F = 146 - 10 = 136$

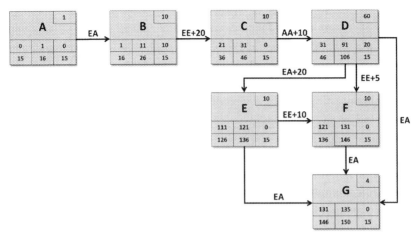

Abb. 5.8 MPM-Netzplan für eine Softwareentwicklung und -einführung

Bei mehreren Vorgängern (Vorgang F) wird bei der Rückwärtsterminierung die minimale aus den AOB's berechnete Zeiteinheit ausgewählt:

1. Berechnung des SET zum Vorgang E
   mit EA zu G: SETE = SATG = 146
2. Berechnung des SET zum Vorgang E
   mit EE + 10 zu F: $SET_E = SET_F - 10 = 146 - 10 = 136$
3. Auswahl des minimalen SET
   zum Vorgang E: SETE = 136
4. Berechnung des SAT zum Vorgang E: $SAT_E = SET_E - D_E = 136 - 10 = 126$

Die Rückwärtsterminierung endet mit einem spätesten Anfangstermin des Projektes bei $SAT_A = 15$. Abschließend können die Pufferzeiten berechnet und die Netzplangrafik fertiggestellt werden:

1. Berechnung des FP zum Vorgang A: FPA = FATB − FETA = 1 − 1 = 0
2. Berechnung des GP zum Vorgang A: GPA = SATA − FATA = 15 − 0 = 15
3. Berechnung des FP zum Vorgang B: FPB = FATC − FETB = 21 − 11 = 10
4. Berechnung des GP zum Vorgang A: $GP_B = SAT_B - FAT_B = 16 - 1 = 15$

5.2 Methoden zur Lösung von Entscheidungsproblemen

In Bezug auf das Management von Projekten bezeichnet die Entscheidungstheorie die Organisation eines Projektes als eine Ansammlung von zu treffenden Entscheidungen. In diesem Zusammenhang haben sich zwei unterschiedliche Ansätze entwickelt (vgl. Bergmann und Garrecht 2008, S. 132):

- Der präskriptive Ansatz versucht durch die Anwendung von Modellen und Instrumenten möglichst rationelle Entscheidungen treffen zu können während hingegen
- der deskriptive Ansatz untersucht, auf welche Art und Weise Entscheidungen in Unternehmen getroffen werden.

Entscheidungsprobleme setzen sich aus den drei Faktoren Umweltzustände, Alternativen und Ziele zusammen (vgl. Abschn. 3.3). Sind die Projektalternativen sowie die potenziellen Umweltzustände bekannt, so können für alle Kombinationen von Alternativen und Umweltzuständen die Auswirkungen auf die Ziele und die Zielerreichung ermittelt werden (Aichele 2006, S. 58). Die Verwendung einer Ergebnismatrix dient in der Praxis dazu, die jeweiligen Umweltzustände, Projektalternativen und Zielen gegenüberzustellen um dadurch die Wahl einer „richtigen" Projektalternative zu unterstützen (vgl. Abb. 5.9).

Die nachfolgenden Ausführungen beziehen sich hauptsächlich auf die präskriptive Entscheidungstheorie und befassen sich im Speziellen mit Entscheidungen unter Sicherheit (vgl. Abschn. 5.2.1) und unter Ungewissheit (vgl. Abschn. 5.2.2).

5.2.1 Entscheidungen unter Sicherheit

Eine Entscheidung bei vollkommener Information (Sicherheit) ist dann zu treffen, wenn der Entscheidungsträger nur von einem einzigen Umweltzustand auszugehen

Ziele / Umweltzustand u_i / Projektalternativen p_x	Z_1		Z_2		Z_3	
	U_1	U_2	U_1	U_2	U_1	U_2
P_1	e_{11}^1	e_{12}^1	e_{11}^2	e_{12}^2	e_{11}^3	e_{12}^3
P_2	e_{21}^1	e_{22}^1	e_{21}^2	e_{22}^2	e_{21}^3	e_{22}^3
...	...	...	...	...	...	...
P_m	e_{m1}^1	e_{m2}^1	e_{m1}^2	e_{m2}^2	e_{m1}^3	e_{m2}^3

Abb. 5.9 Ergebnismatrix bei drei Zielen und zwei Umweltzuständen

Umweltzustand u_i / Projektalternativen p_x	U_1	U_2	...	U_n
P_1	e_{11}	e_{12}	...	e_{1n}
P_2	e_{21}	e_{22}	...	e_{2n}
...	...	...	...	...
P_m	e_{m1}	e_{m2}	...	e_{mn}

Abb. 5.10 Ergebnismatrix bei einem Ziel

hat. Die Ergebnismatrix (vgl. Abb. 5.10) wird auf einen Umweltzustand reduziert. Durch die Bewertung der einzelnen Zielerträge erfolgt die Transformation von der Ergebnismatrix in eine Entscheidungsmatrix (vgl. Aichele 2006, S. 59).

Beispiel

Beispielhaft sind in der nachfolgenden Tabelle die Projektalternativen (P_1 bis P_4) mit der Zielerreichung „Kostenreduktion" dargestellt (vgl. Abb. 5.11):
Eine Entscheidung ist aufgrund des einzig vorhandenen Ziels, dass zur intendierten Kosteneinsparung führt, einfach zu treffen: P_4 (vgl. Aichele 2006, S. 59).

Bei mehreren Zielen werden nach dem Verfahren der lexikografischen Ordnung die Ziele ihrem Rang entsprechend geordnet. Erfüllt eine Projektalternative das wichtigste Ziel besser als alle anderen Alternativen, so wird diese Alternative ausgewählt. Die weniger wichtigen Ziele sind nur dann relevant, wenn zwei oder mehrere Ziele in Bezug auf das wichtigste Ziel den gleichen Zielbeitrag haben. Bei dem Verfahren der Zielgewichtung werden alle Ziele entsprechend ihr von dem

Abb. 5.11 Entscheidung bei Sicherheit und einem Projektziel

Projektalternativen	Kostenreduktion in [T€]
P_1	20
P_2	25
P_3	30
P_4	35

Ziele	Z_1	Z_2	Z_3	Projektwert	Ergebnis Lexikografische Ordnung	Ergebnis Zielgewichtung
Gewichtung g_i Projektalternativen p_x	0,6	0,3	0,2			
P_1	$e_{11} = 22$	$e_{21} = 16$	$e_{31} = 20$	22	1	3
P_2	$e_{12} = 22$	$e_{22} = 16$	$e_{32} = 18$	21,6	2	4
P_3	$e_{13} = 22$	$e_{23} = 12$	$e_{33} = 28$	22,4	3	2
P_4	$e_{14} = 18$	$e_{24} = 36$	$e_{34} = 24$	26,4	4	1

Abb. 5.12 Entscheidung bei mehrfacher Zielsetzung

Entscheidungsgremium festgelegten Gewichtung berücksichtigt. Hierbei gilt folgendes Vorgehen (Aichele 2006, S. 59 f.):

1. Berechnung der Projektwerte:

$$P_x = \sum G_i \cdot e_{ix} \text{ mit } x = 1..m \text{ und } i = 1..n$$

2. Wahl der Alternative mit maximalen Projektwert: $P_x \rightarrow \max!$

Das Verfahren der Zielgewichtung entspricht dem Nutzwertverfahren.

Beispiel

Folgendes Beispiel veranschaulicht die Anwendung der lexikografischen Ordnung und des Verfahrens der Zielgewichtung (vgl. Abb. 5.12).

Das Ergebnis der lexikografischen Ordnung (P_1) wird hinsichtlich der erwarteten Erfolgswahrscheinlichkeit, bzw. Eintrittswahrscheinlichkeit der Projektalternative in Bezug auf die jeweiligen Umweltzustände und Ziele, gewählt. Das Ergebnis der Zielgewichtung (P_4) basiert auf dem zuvor beschriebenen Verfahren. Beispielhaft wird für die Projektalternative P_1 die Ermittlung des Projektwertes aufgezeigt:

$$P_1 = ((0,6 \cdot 22) + (0,3 \cdot 16) + (0,2 \cdot 20)) = 22$$

Entscheidungen unter Sicherheit stellen im Regelfall jedoch eine nicht zutreffende Annahme dar, da unternehmerisches Handeln immer mit einem Risiko verbunden ist. Das grundsätzliche Problem bei der Entscheidungswahl besteht darin, dass die Folgen der Entscheidung in der Zukunft liegen und damit nur zu einem bestimmten Grad vorhersagbar sind. Unternehmen müssen daher nahezu alle Entscheidungen unter Unsicherheit treffen (vgl. Bergmann und Garrecht 2008, S. 132).

Ziele	Z_1	Z_2	Z_3	Projektwert	
Gewichtung g_i Projektalternativen p_x	0,6	0,3	0,2		
P_1	$e_{11} = 22$	$e_{21} = 16$	$e_{31} = 20$	22	P_1 dominiert P_2
P_2	$e_{12} = 22$	$e_{22} = 16$	$e_{32} = 18$	21,6	
P_3	$e_{13} = 22$	$e_{23} = 12$	$e_{33} = 28$	22,4	
P_4	$e_{14} = 18$	$e_{24} = 36$	$e_{34} = 24$	26,4	P_4 ist effizient

Abb. 5.13 Bestimmung der Dominanz und Effizienz einer Projektalternative

5.2.2   Entscheidungen unter Unsicherheit

Bei mehreren Umweltzuständen muss die Entscheidung unter Unsicherheit getroffen werden. Die Dominanz und Effizienz einer Alternative sind hierbei im Voraus zu bestimmen. Für diese Entscheidungsprinzipien gilt (vgl. Laux et al. 2012, S. 67, 94 ff.):

- Eine Handlungsalternative i dominiert eine andere Handlungsalternative j, wenn sie bei allen denkbaren Umweltzuständen i stets ein gleich gutes oder besseres Ergebnis als j hervorbringt und in einem Umweltzustand ein echt besseres Ergebnis besitzt.
- Eine Handlungsalternative i ist effizient, wenn sie von keiner anderen Handlungsalternative j dominiert wird.

In Abb. 5.13 wird beispielhaft die Bestimmung der Dominanz und Effizienz einer Projektalternative verdeutlicht.

Das Dominanzprinzip erlaubt es, offensichtlich unterlegene Handlungsalternativen im Vorfeld auszusondern. Für den weiteren Lösungsweg sind somit nur noch effiziente Handlungsalternativen von Relevanz. Das Entscheidungsproblem wird in der Regel dadurch aber nicht endgültig gelöst, sodass auf die verbliebenen effizienten Handlungsalternativen, Entscheidungsregeln angewendet werden müssen (vgl. Laux et al. 2012, S. 100). Entscheidungsregeln zur Ableitung optimaler Handlungsalternativen unter Unsicherheit existieren für Entscheidungen unter Risiko (die Wahrscheinlichkeiten für das Eintreten der Umweltzustände sind bekannt) und für Entscheidungen bei Ungewissheit (die Wahrscheinlichkeiten sind nicht bekannt). Zu beachten gilt hierbei (vgl. Aichele 2006, S. 60):

- Eine Entscheidung unter Risiko ist dann zu treffen, wenn den einzelnen möglichen Umweltzuständen subjektive oder objektive Eintrittswahrscheinlichkeiten zugeordnet werden können.
- Eine Entscheidung bei Ungewissheit ist dann zu treffen, wenn zu den einzelnen möglichen Umweltzuständen unbekannte Eintrittswahrscheinlichkeiten vorliegen.

5.2.2.1 Entscheidungsregeln unter Risiko

Bayes-Regel (µ-Regel)
Bei der Bayes-Regel, auch als µ-Regel bezeichnet, wird das bei einem bestimmten Umweltzustand zu erwartende Projektergebnis mit einer festzulegenden Wahrscheinlichkeit gewichtet. Die Summe der Produkte ergibt den Erwartungswert, der zu maximieren ist. Damit entspricht die Bayes-Regel im Wesentlichen dem Verfahren der Zielgewichtung (vgl. Abschn. 5.2.1). Die Gewichtung der Werte beruht bei der Bayes-Regel jedoch auf Annahmen, welche entweder geschätzt werden oder sich auf Erfahrungswerte aus der Vergangenheit beziehen. Die Bayes-Regel ist risikoneutral, da eine Streuung der Ergebnisse nicht berücksichtigt wird. Hierbei gilt folgende Vorgehensweise (vgl. Aichele 2006, S. 60 f. und Laux et al. 2012, S. 101):

1. Berechnung der Erwartungswerte µ:

$$\mu = \sum w_i \cdot e_{ix} \text{ mit } x = 1..m \text{ und } i = 1..n$$

2. Wahl der Alternative mit maximalen Erwartungswert: $P_x = \mu \rightarrow max!$

Beispiel
Folgendes Beispiel veranschaulicht die Anwendung der Bayes-Regel (vgl. Abb. 5.14):

Umweltzustand	U_1	U_2	U_3	Erwartungswert
Wahrscheinlichkeit w_i / Projektalternativen p_x	0,3	0,5	0,2	µ
P_1	90	110	150	(112)
P_2	95	105	120	105

Abb. 5.14 Anwendung der Bayes-Regel (µ-Regel)

Anhand der im Beispiel ermittelten Erwartungswerte ist die Projektalternative P_1 zu wählen:

$$P_1 = ((0,3 \cdot 90) + (0,5 \cdot 110) + (0,2 \cdot 150)) = 112$$

(μ, σ)-Prinzip

Bei dem (μ, σ)-Prinzip ist die Entscheidung neben dem Erwartungswert μ noch von der Standardabweichung σ (Maß für die Streuung der Wahrscheinlichkeitsverteilung) abhängig. Nach einer individuell festgelegten Nutzenfunktion wird die Projektalternative mit dem höchsten Nutzenwert ausgewählt. In diesem Zusammenhang werden risikoaverse und risikofreudige Entscheidungsverhalten unterschieden (vgl. Aichele 2006, S. 61):

- Mit der Nutzenfunktion $N_1 = \mu - 2\sigma$ wird ein risikoaverses Entscheidungsverhalten unterstellt, da die Standardabweichung den Nutzwert stark negativ beeinflusst.
- Mit der Nutzenfunktion $N_2 = \mu + \sigma$ wird ein risikofreudiges Entscheidungsverhalten unterstellt, da die Standardabweichung den Nutzwert positiv beeinflusst.

Das (μ, σ)-Prinzip wägt explizit den Ergebniserwartungswert gegen die Streuung (Risiko) ab und weist folgende Vorgehensweise auf (vgl. Aichele 2006, S. 61 f. und Laux et al. 2012, S. 103 f.):

1. Berechnung der Erwartungswerte μ.
2. Berechnung der Standardabweichung σ:

$$\sigma = \sqrt{\sum w_i \cdot (e_{ix} \cdot \mu_i)^2} \text{ mit x = 1..m und i = 1..n}$$

3. Berechnung der Nutzenfunktion N_1 oder N_2.
4. Wahl der Alternative mit maximalen Nutzenbeitrag: $P_x = N_j \rightarrow$ max!

Beispiel

Folgendes Beispiel veranschaulicht die Anwendung des (μ, σ)-Prinzips (vgl. Abb. 5.15):

Umweltzustand	U_1	U_2	U_3	Erwartungs- wert	Standard- abweichung	Nutzwert N_1	Nutzwert N_2
Wahrscheinlichkeit w_i Projektalternativen p_x	0,3	0,5	0,2	μ	σ	$\mu - 2\sigma$	$\mu + \sigma$
P_1	90	110	150	112	20,9	70,2	132,9
P_2	95	105	120	105	8,7	87,6	113,7

Abb. 5.15 Anwendung des (μ, σ)-Prinzips

Nach dem (μ, σ)-Prinzip ist demnach für ein risikoaverses Entscheidungsverhalten N_1 die Projektalternative P_2 zu wählen. Bei einem risikofreudigen
Verhalten sollte die Alternative P_1 gewählt werden. Nachfolgende Erläuterung
der Rechenschritte soll zur Verdeutlichung der Ergebnisse der Alternative P_2
dienen:

1. Berechnung des Erwartungswertes zu P_2 (vgl. Abb. 5.14).
2. Berechnung der Standardabweichung zu P_2:

$$\sigma_2 = \sqrt{((0,3 \cdot (95-105)^2) + (0,5 \cdot (105-105)^2) + (0,2 \cdot (120-105)^2))} \approx 8,7$$

3. Berechnung der Nutzwerte zu P_2:

$$N_1 = 105 - (2 \cdot 8,7) = 87,6$$

$$N_2 = 105 + 8,7 = 113,7$$

Je nach der Ausrichtung der Risikobereitschaft eines Unternehmens erfolgt, nicht
wie in Abb. 5.15 beispielhaft dargestellt, lediglich die Auswahl eines risikoaversen
Entscheidungsverhaltens oder eines risikofreudigen Entscheidungsverhaltens.

5.2.2.2   Entscheidungsregeln bei Ungewissheit

Minimax-Regel
Bei der Minimax-Regel wird diejenige Projektalternative ausgewählt, die beim jeweils ungünstigsten Umweltzustand noch zum besten Ergebnis führt. Demnach
unterstellt die Regel einen extremen Pessimisten, da stets von dem Eintritt des
schlechtesten Umweltzustandes ausgegangen wird. Die Minimax-Regel wird insbesondere bei risikoaversen Unternehmen verwendet. Die Vorgehensweise ist wie
folgt (vgl. Aichele 2006, S. 62 und Laux, et al. 2012, S. 83):

1. Feststellung der Zeilenminima jeder Alternative:

ZeilenMin e_{ix} mit x = 1..m und i = 1..n

2. Wahl der Alternative mit maximaler Zeilenminima: $P_x = \min e_{ix} \rightarrow$ max!

Maximax-Regel
Bei der Maximax-Regel wird diejenige Projektalternative ausgewählt, die beim
jeweils günstigsten Umweltzustand zum besten Ergebnis führt. Da stets von dem
Eintritt des besten Umweltzustandes ausgegangen wird, unterstellt die Maximax-
Regel einen extremen Optimisten und setzt risikofreudiges Entscheidungsverhalten voraus. Hierbei gilt folgendes Vorgehen (vgl. Aichele 2006, S. 62 und Laux
et al. 2012, S. 83):

Umweltzustand u_i / Projektalternativen p_x	U_1	U_2	U_3	Minimax-Regel	Maximax-Regel
P_1	4	6	5	④	6
P_2	5	0	9	0	9
P_3	7	3	12	3	⑫
P_4	3	2	7	2	7

Abb. 5.16 Anwendung der Minimax- und Maximax-Regel

1. Feststellung der Zeilenmaxima jeder Alternative:

    ZeilenMax e_{ix} mit x = 1..m und i = 1..n

2. Wahl der Alternative mit maximaler Zeilenmaxima: $P_x = \max e_{ix} \to \max$!

Beispiel

Folgendes Beispiel veranschaulicht die Anwendung der Minimax- und Maximax-Regel (vgl. Abb. 5.16):

Nach der Minimax-Regel ist demnach die Projektalternative P_1 zu wählen. Die Auswertung der Maximax-Regel empfiehlt die Wahl der Projektalternative P_3.

Pessimismus-Optimismus-Regel (Hurwicz-Regel)

Die Pessimismus-Optimismus-Regel, auch als Hurwicz-Regel bezeichnet, sieht die Kombination der Minimax- und Maximax-Regel vor. Weiterhin wird das Zeilenmaximum wird mit dem Faktor λ und das Zeilenminimum mit dem Faktor (1 − λ) multipliziert. Die Addition der beiden Produkte ergibt den Projektnutzen. Es wird diejenige Projektalternative ausgewählt, die den höchsten Projektnutzen hat. Der Faktor λ legt dabei die Einstellung zum Risiko fest. Je höher λ gewählt wird, desto risikobereiter sind die Entscheidungsträger. Hierbei entspricht ein λ = 0 der Minimax-Regel und ein λ = 1 der Maximax-Regel. Für die Pessimismus-Optimismus-Regel gilt folgende Vorgehensweise (vgl. Aichele 2006, S. 62 f. und Laux et al. 2012, S. 84 f.):

1. Feststellung der Zeilenminima und -maxima.
2. Festlegung des Faktors λ: $\lambda (0 \le \lambda \le 1)$
3. Ermittlung des Projektnutzens:

    N_j = ZeilenMax $e_{ix} \cdot \lambda$ + ZeilenMin $e_{ix} \cdot (1 - \lambda)$ mit x = 1..m und i = 1..n

4. Wahl der Alternative mit maximalen Nutzenbeitrag: $P_x = N_j \to \max$!

Umweltzustand u_i / Projektalternativen p_x	U_1	U_2	U_3	Minimax- Regel	Maximax- Regel	Minimax * $(1-\lambda)$	Maximax * λ	Projektnutzen
P_1	4	6	5	4	6	2,8	1,8	4,6
P_2	5	0	9	0	9	0	2,7	2,7
P_3	7	3	12	3	12	2,1	3,6	5,7
P_4	3	2	7	2	7	1,4	2,1	3,5

Abb. 5.17 Anwendung der Pessimismus-Optimismus-Regel

Beispiel

Folgendes Beispiel veranschaulicht die Anwendung der Pessimismus-Optimismus-Regel, ausgehend von einem $\lambda = 0,3$ (vgl. Abb. 5.17):

Nach der Pessimismus-Optimismus-Regel stellt P_3 eine optimale Projektalternative dar:

1. Feststellung der Zeilenminima und -maxima (vgl. Abb. 5.16).
2. Berechnung des Projektnutzens zu P_2:

$$N_2 = (12 \cdot 0,3) + (3 \cdot (1 - 0,3)) = 5,7$$

Laplace-Regel

Bei der Laplace-Regel handelt es sich weniger um eine Entscheidungsregel i. e. S., sondern vielmehr um ein Entscheidungskriterium bei Risiko. Dieses Kriterium beinhaltet, wie die Wahrscheinlichkeiten für die Umweltzustände festzulegen sind. Hierbei wird unterstellt, dass alle Umweltzustände mit gleicher Wahrscheinlichkeit zu erwarten sind. Somit werden bei der Laplace-Regel die Durchschnittswerte der Ergebnisse einer Projektalternative berechnet. Gewählt wird diejenige Alternative mit dem höchsten Durchschnittswert. Die Vorgehensweise ist wie folgt dargestellt (vgl. Aichele 2006, S. 63 und Laux et al. 2012, S. 87):

1. Berechnung der Durchschnittswerte:

$$\varnothing_i = 1 / i \sum e_{ix} \text{ mit } x = 1..m \text{ und } i = 1..n$$

2. Wahl der Alternative mit maximalen Durchschnittswert: $P_x = \varnothing \rightarrow \max!$

Beispiel

Folgendes Beispiel veranschaulicht die Anwendung der Laplace-Regel (vgl. Abb. 5.18):

Nach der Laplace-Regel stellt P_3 eine effiziente Handlungsalternative dar:

$$\varnothing_3 = (7 + 3 + 12) / 3 \approx 7,33$$

Umweltzustand u_i Projektalternativen p_x	U_1	U_2	U_3	Laplace-Regel
P_1	4	6	5	5
P_2	5	0	9	4,66
P_3	7	3	12	⟨7,33⟩
P_4	3	2	7	4

Abb. 5.18 Anwendung der Laplace-Regel

Savage-Niehans-Regel (Regel des kleinsten Bedauerns)
Bei der Savage-Niehans-Regel, auch als Regel des kleinsten Bedauerns oder Minimax-Regret-Regel bezeichnet, wird der maximale Nachteil, der aufgrund der Fehleinschätzung der Umweltzustände zu erwarten ist, minimiert. Im ersten Schritt werden die Spaltenmaxima der einzelnen Umweltzustände ermittelt und die Ergebnismatrix in eine Regretmatrix transformiert. Danach wird für jeden Projektergebniswert der Opportunitätsverlust („Bedauernswerte") durch den Betrag der Differenzbildung des jeweiligen Spaltenmaximums zum einzelnen Wert ermittelt. Der maximale Nachteil einer Projektalternative stellt die maximale Differenz einer Zeile dar. Die auszuwählende Alternative ergibt sich durch das Minimieren der maximalen Nachteile (vgl. Aichele 2006, S. 64 und Laux et al. 2012, S. 85 f.):

1. Feststellung der Spaltenmaxima:

$$\text{SpaltenMax}\, e_{ix}\ \text{mit}\ x = 1..m\ \text{und}\ i = 1..n$$

2. Berechnung der „Bedauernswerte":

$$B_{ix} = |\, e_{ix} - \text{SpaltenMax}\, e_{ix}\ \text{mit}\ x = 1..m\ \text{und}\ i = 1..n$$

3. Wahl der Alternative mit min. maximalen Nachteil: $P_x = \max B_{ix} \to \min!$

Beispiel
Folgendes Beispiel veranschaulicht die Anwendung der Savage-Niehans-Regel (vgl. Abb. 5.19):

Umweltzustand u_i Projektalternativen p_x	U_1	U_2	U_3
P_1	4	6	5
P_2	5	0	9
P_3	7	3	12
P_4	3	2	7
Spaltenmaxima U_i	7	6	12

Umweltzustand u_i Projektalternativen p_x	U_1	U_2	U_3	Maximaler Nachteil
P_1	|4-7| = 3	0	7	7
P_2	|5-7| = 2	6	3	6
P_3	|7-7| = 0	3	0	⟨3⟩
P_4	|3-7| = 4	4	5	5

Transformation der Ergebnismatrix in eine Regretmatrix

Abb. 5.19 Anwendung der Savage-Niehans-Regel

Nach der Savage-Niehans-Regel stellt P_3 eine effiziente Handlungsalternative dar:

1. Feststellung der Spaltenmaxima: $U_1 = 7; U_2 = 6; U_3 = 12$
2. Berechnung der „Bedauernswerte":

$$B_{13} = |7-7| = 0; \quad B_{23} = |3-6| = 3; \quad B_{33} = |12-12| = 0$$

3. Wahl der Alternative mit min. maximalen Nachteil: $P_3 = \max B_{23} = 3$

Literatur

Aichele, C.: Intelligentes Projektmanagement. Kohlhammer Verlag, Stuttgart (2006)

Aichele, C.: Best Practices in Projekten, Erfolgreiches Management von Industrie- und Dienstleistungsprojekten. VDM Verlag, Saarbrücken (2008)

Allweyer, T.: BPMN 2.0. Business process model and notation. Eine Einführung in den Standard für die Geschäftsprozessmodellierung, 2. Aufl. Books on Demand, Norderstedt (2009)

Bergmann, R., Garrecht, M.: Organisation und Projektmanagement. Physica-Verlag, Heidelberg (2008)

Broy, M., Kuhrmann, M.: Projektorganisation und Management im Software Engineering. Springer Verlag, Berlin (2013)

Deutsches Institut für Normung e. V. (DIN): DIN-Normen im Projektmanagement. Sonderdruck des DIN-Taschenbuchs 472. Beuth Verlag, Berlin (2009)

Eckkrammer, T., Eckkrammer, F., Gollner, H.: Agiles IT-Projektmanagement im Überblick. In: Tiemeyer, E. (Hrsg.) Handbuch IT-Projektmanagement. Vorgehensmodelle, Managementinstrumente, Good Practices, S. 75–118, Carl Hanser Verlag, München (2014)

Hagen, S.: Projektmanagement in der öffentlichen Verwaltung. Spezifika, Problemfelder, Zukunftspotenziale. Gabler Verlag, Wiesbaden (2009)

Hedeman, B., Seegers, R.: PRINCE2 2009 edition. A pocket guide. Van Haren Verlag, Zaltbommel (2009)

Hruschka, P.: Requirements Engineering. In: Tiemeyer, E. (Hrsg.) Handbuch IT-Projektmanagement. Vorgehensmodelle, Managementinstrumente, Good Practices, S. 421–452. Carl Hanser Verlag, München (2014)

Hruschka, P., Rupp, C., Starke, G.: Agility kompakt, Tipps für erfolgreiche Systementwicklung, 2. Aufl. Spektrum Akademischer Verlag, Heidelberg (2009)

ISO 21500:2012: Guidance on Project Management, ICS 03.100.40, Genf (2012)

Jenny, B.: Projektmanagement in der Wirtschaftsinformatik, 5. Aufl. vdf Hochschulverlag, Zürich (2001)

Kuhrmann, M.: Agile Vorgehensmodelle, Enzyklopädie der Wirtschaftsinformatik. Online-Lexikon. http://www.enzyklopaedie-der-wirtschaftsinformatik.de/wi-enzyklopaedie/lexikon/is-management/Systementwicklung/Vorgehensmodell/Agile-Vorgehensmodelle (2013). Zugegriffen 31 Okt. 2014

© Springer Fachmedien Wiesbaden 2014
C. Aichele, M. Schönberger, *IT-Projektmanagement*, essentials,
DOI 10.1007/978-3-658-08389-2

Laux, H., Gillenkirch, R. M., Schenk-Mathes, H. Y.: Entscheidungstheorie, 8. Aufl. Springer Verlag, Berlin (2012)

Lent, B.: IT-Projektmanagement als kybernetisches System. Intelligente Entscheidungsfindung in der Projektführung durch Feedback. Springer Verlag, Berlin (2013)

Litke, H.-D.: Projektmanagement. Methoden, Techniken, Verhaltensweisen. Evolutionäres Projektmanagement, 5. Aufl. Carl Hanser Verlag, München (2007)

Nehfort, A.: Qualitätsmanagement für IT-Projekte. In: Tiemeyer, E. (Hrsg.) Handbuch IT-Projektmanagement. Vorgehensmodelle, Managementinstrumente, Good Practices, S. 453–504. Carl Hanser Verlag, München (2014)

Nüchter, N.: Planung der Projektzielbereiche: Termine, Ressourcen, Qualität. In: Bernecker, M., Eckrich, K. (Hrsg.) Handbuch Projektmanagement, S. 317–334. Oldenbourg Wissenschaftsverlag, München (2003)

Pietsch, W.: IT-Projektmanagement, Enzyklopädie der Wirtschaftsinformatik. Online-Lexikon. http://www.enzyklopaedie-der-wirtschaftsinformatik.de/wi-enzyklopaedie/lexikon/is-management/Software-Projektmanagement (2012). Zugegriffen 31. Okt. 2014

Platz, J., Schmelzer, H. J.: Projektmanagement in der industriellen Forschung und Entwicklung. Einführung anhand von Beispielen aus der Informationstechnik. Springer Verlag, Berlin (1986)

Project Management Institute (PMI): A Guide to the Project Management Body of Knowledge (PMBOK Guide), 5. Aufl. PMI, Newton Square (2013)

Ruf, W., Fittkau, T.: Ganzheitliches IT-Projektmanagement. Wissen, Praxis, Anwendungen. Oldenbourg Verlag, München (2008)

Scheer, A.-W.: ARIS. Vom Geschäftsprozess zum Anwendungssystem, 4. Aufl. Springer Verlag, Berlin (2002)

Schilling, P.: Modernes Projektmanagement mit der Scrum-Methode. http://elearning.hwr-berlin.de/blog/2014/06/30/modernes-projektmanagement-mit-der-scrum-methode/ (2014). Zugegriffen 31 Okt. 2014

Schönberger, M.: Der professionelle Einstieg in die erfolgreiche App-Entwicklung. In: Aichele, C., Schönberger, M. (Hrsg.) App4U – Mehrwerte durch Apps im B2B und B2C, S. 87–131. Springer Vieweg, Wiesbaden (2014)

Schönberger, M., Aichele, C.: Mit Struktur und Methode in die projektindividuelle App-Entwicklung. In: Aichele, C., Schönberger, M. (Hrsg.) App4U – Mehrwerte durch Apps im B2B und B2C, S. 133–215. Springer Vieweg, Wiesbaden (2014)

Schwarze, J.: Projektmanagement mit Netzplantechnik, 11. Aufl. NWB Verlag, Herne (2014)

Stahlknecht, P., Hasenkamp, U.: Einführung in die Wirtschaftsinformatik, 11. Aufl. Springer Verlag, Berlin (2005)

Standish Group: Chaos Manifesto 2013. Think Big, Act Small. http://versionone.com/assets/img/files/ChaosManifesto2013.pdf (2013). Zugegriffen 31. Okt. 2014

Strahringer, S.: Projektorganisation, Enzyklopädie der Wirtschaftsinformatik, Online-Lexikon. http://www.enzyklopaedie-der-wirtschaftsinformatik.de/wi-enzyklopaedie/lexikon/is-management/Software-Projektmanagement/Projektorganisation (2013). Zugegriffen 31. Okt. 2014

V-Modell XT: V-Modell XT Version 1.3. http://ftp.tu-clausthal.de/pub/institute/informatik/v-modell-xt/Releases/1.4/V-Modell-XT-Gesamt.pdf (2006). Zugegriffen 31. Okt. 2014

Wieczorrek, H. W., Mertens, P.: Management von IT-Projekten, 3. Aufl. Springer Verlag, Berlin (2008)